Liane Rauch

ulmer

AF636257

HUNDE TRAINING OHNE WORTE

Das Praxisbuch

Inhalt

Kommunikation, die der Hund versteht

Mit diesem Praxisbuch möchte ich Ihnen einen Trainingsführer an die Hand geben, der Sie und Ihren Vierbeiner durch ein ganzes Hundeleben im Alltag begleiten kann – vom Welpen zum Junghund und bis ins Seniorenalter.

Trainingsplaner Hundetraining ohne Worte

Viele Probleme entstehen schlichtweg durch Missverständnisse in der Kommunikation mit dem Hund. Das Handtouch-Training ohne zusätzliche Hilfsmittel lässt Irrtümer gar nicht erst aufkommen. Als Fortsetzung meines Buches „Hundetraining ohne Worte – Führen mit der leeren Hand" hilft es Ihnen, spezielle Probleme und/oder Verhalten aufzulösen oder gar nicht erst entstehen zu lassen.

Vorteile der Hand als einziges Hilfsmittel

Das einzige Hilfsmittel in der Ausbildung ist meine Hand und mein Körper. Ich kann die Hand nicht zu Hause vergessen, ich habe sie im Training ständig beim mir, ich kann sie nicht verlieren, habe sie sozusagen „immer bei der Hand". Und: Der Hund versteht mich schneller, besser und lernt effektiver.

Wie kommunizieren Hunde?

Ich habe das Glück, während meiner Kurse große Hundegruppen beobachten zu dürfen. Die Gruppe setzt sich aus Vierbeinern vieler Rassen, jeder Größe und jeden Alters zusammen. Während unserer Spaziergänge halte ich mich am Ende der Gruppe auf, habe die Hunde immer im Blick.

Untereinander tauschen Hunde Blicke aus. Erst danach kommt es zu einer Annäherung oder nicht – es wird geschnüffelt oder man geht sich aus dem Weg. Im Spiel wird mit dem Körper kommuniziert. Über kleine Bodychecks, Vorderkörpertiefstellung, Ausweichen oder auch frontales Aufeinanderzulaufen wird dem Spielpartner mitgeteilt, wie es weitergeht. Die Richtungen werden gewechselt, der Jäger wird Gejagter und umgekehrt. Alles läuft wie selbstverständlich ab, kommuniziert wird nonverbal und ohne Hilfsmittel.

Schaut man genau hin, erkennt man eine Struktur. Erstaunlicherweise entstehen solche Strukturen sehr schnell auch in Hundegruppen, die sich untereinander bisher nicht kannten: Es gibt die Spiel-Macher, die Spiel-Verderber und einen Spiel-Chef. Meine Sunny war so ein Spiel-Chef, sie hat Spiele freigegeben und auch beendet. Alle Hunde haben ihre Signale verstanden. Nie habe ich gesehen, dass sie dafür Hilfsmittel verwendet hat. Leider wird vielen Hunden die Möglichkeit zur Kommunikation verweigert, oft sogar unbewusst aberzogen.

Baut man schon beim Welpen eine solide Basis auf, lassen sich viele Probleme von vorneherein verhindern.

Hilfsmittel – Sinn und Unsinn

Ich möchte kurz auf geläufige Trainingshilfsmittel eingehen, um Ihnen den bedeutenden Vorteil der Hand als einzige Unterstützung näherzubringen.

Allem voran möchte ich jedoch **ausdrücklich betonen**, dass ich **kein genereller Gegner** von Hilfsmitteln bin. In bestimmten Ausbildungsschritten kann ein Hilfsmittel sinnvoll, in der Grundausbildung, beim Training verhaltensauffälliger oder behinderter Hunde jedoch auch kontraproduktiv sein.

„Mein Hund braucht nicht mehr als mich und meine Hand. Warum erst etwas mühsam auf bauen, um es dann wieder mühsam abzubauen." Klingt logisch, oder?

Positive Hilfsmittel

Positive Hilfsmittel wie Leckerchen, Clicker und Spielzeug sind selbstverständlich die einzig akzeptablen Hilfsmittel. Jedoch sollte man diese nicht ständig in der Hand haben.

Es gibt Hunde, die sich schwertun, ein Kommando auszuführen, wenn der Halter den Clicker oder das Leckerchen nicht in der Hand hat. Hat man Leckerli und Co. ständig in der Hand, entsteht keine Kommunikation mit dem Hund. Der Hund folgt nur dem Gegenstand seiner Begierde. Wenn ich mich auf etwas konzentrieren soll, neben mir aber eine Tafel Schokolade liegt, entscheide ich mich schon auch mal zuerst für die Schokolade. Konzentration futsch.

Negative Hilfsmittel

Aversive Abrichtmethoden sind nicht mehr zeitgemäß. Rappeldosen, Wurfdiscs und Co. stellen keine Erziehungshilfen, sondern einen Vertrauensbruch dar. Der Hund lernt nichts, im schlechtesten Fall zeigt er Meideverhalten, sprich, er stellt die Kommunikation mit dem Halter ein.

Halti und Gentle-Leader sind keine adäquaten Erziehungshilfen, da auch hier kein Lerneffekt für den Hund entsteht. Ganz und gar ein **No-Go** sind Sprühhalsbänder oder Teletakt Impulsgeräte (Ferntrainer). Beide verursachen Stress, Schmerz und Angst.

Hunde SELBST denken lassen

Leider werden viele Hunde zu reinen Befehlsempfängern degradiert. Alles wird vorgesagt, was er tun soll, was er darf, was er nicht darf. Regeln sind wichtig, das ist unbestritten. Hunde halten Regeln jedoch schneller und zuverlässiger ein, wenn sie sich diese selbst erarbeiten dürfen.

Warten Sie einfach einmal ab, was Ihnen Ihr Vierbeiner von alleine anbietet. Lassen Sie ihn selbst darüber nachdenken, was gewünscht wird. Ein Hund, der gelernt hat, selbst zu denken, wird automatisch selbstbewusster und souveräner. Meine Hunde haben sich ihre Erziehung zu 80 % selbst erarbeitet. Das war auch für mich wesentlich entspannter, sie haben einfach schneller und gefestigter gelernt.

Reizüberflutung – keine Zeit für Hilfsmittel

Diese Situationen kennt jeder: Man genießt das entspannte Spazierengehen, im nächsten Moment ist alles anders. Von vorne kommt ein Jogger, von hinten ein Radfahrer und ein unangeleinter Hund stürmt seitlich auf Sie zu. Es bleibt keine Zeit, in der Tasche nach Leckerchen, Clicker oder anderem Equipment zu kramen.

Meine ausgestreckte, leere Hand, ein leichtes seitliches Drehen meines Körpers genügt, um meine Hunde in die von mir gewünschte Richtung zu lenken und man braucht nicht lange nach Utensilien suchen. In kritischen Situationen kann ich mich auf meine Hunde konzentrieren, da ich mir sicher bin, „sie kleben an meiner Hand".

Hunde wurden gezüchtet, um mit uns zusammen zu arbeiten. Sie schenken uns ihre Aufmerksamkeit, deshalb haben sie auch unsere verdient.

Die Erziehungsmethode – ohne viele Worte

Das Praxisbuch – Aufbau und Training

Die Trainingsschritte im Buch können von allen Mensch-Hund-Teams leicht bewältigt werden. Einsteiger in das Handtouch-Training werden angeleitet, Fortgeschrittene können die Übungen verfeinern und/oder erweitern.

Mr. Bean lernt von Anfang an, der leeren Hand zu folgen. Eine solide Basis erspart viel spätere Korrekturarbeit.

Übungsablauf

Alle im Buch beschriebenen Übungen bzw. Trainingspläne können einzeln und später kombiniert trainiert werden. Der Handtouch ist immer die Basis des Trainings, somit bleibt es Ihnen überlassen, mit welcher Übung Sie beginnen.

Die Trainingsschritte sind in Vier-Wochen-Einheiten gegliedert, die jeweils aufeinander aufbauen. Lassen Sie sich und Ihrem Hund genug Zeit: Passen Sie die Trainingszeit individuell an. Auch wenn das Erlernte vielleicht schon gut funktioniert, sichern Sie den Lernerfolg lieber noch über ein paar Tage ab.

Bei ängstlichen oder etwas älteren Hunden kann der Aufbau einzelner Schritte eventuell ein wenig länger dauern. Bedenken Sie bitte, dass Ihnen eine gute Basis viel Korrekturarbeit erspart.

Zeitangaben

Die in den Übungen genannten Zeitangaben sind Circaangaben. Sie basieren auf Erfahrungen mit Kunden- und eigenen Hunden und sind **nicht** auf alle Vierbeiner 1:1 übertragbar – sie können sich je nach charakterlicher Grundeinstellung des Hundes erhöhen oder verringern. Passen Sie darum alle angegebenen Zeitangaben an Ihre individuelle Situation an.

Arbeiten Sie die wöchentlichen Übungen nie zu schnell durch. Haben Sie den Eindruck, das Erlernte funktioniert nicht so richtig, gehen Sie lieber einen Übungsschritt zurück.

Lernzielkontrollen

Die Lernzielkontrollen am Ende eines jeden Trainingsplanes basieren ebenfalls auf Erfahrungen mit Kunden- und eigenen Hunden. Jeder Hund lernt anders, einer schneller, einer etwas langsamer. Die Zeitspanne bis zu einem Lernerfolg kann auch rasseabhängig sein.

Hand – Hund – Herz

Da immer wieder Kritik geäußert wird, ich würde Hilfsmittel wie Clicker und Target „schlechtmachen“ und grundsätzlich ablehnen, möchte ich **noch einmal betonen**, dass ich Hilfsmittel **nicht grundsätzlich ablehne**.

Ich vertrete jedoch den Standpunkt: Mein Hund braucht meine Hand und mein Herz, Vertrauen und Beziehung, Bindung und Zuverlässigkeit. Kommunikation entsteht nicht über ein emotionsloses Hilfsmittel.

Training, das der Hund sofort versteht

In der Regel sprechen Menschen viel zu viel mit ihren Hunden, sie werden regelrecht taubgequasselt. In der Folge schalten diese Vierbeiner ab. Versuchen Sie es doch mal ohne Worte.

Der Handtouch als Basis

Ziel des Handtouchs als Erziehungsmethode ist ein harmonisches Miteinander, ohne ständig ein Leckerchen in der Hand zu haben und ohne viele Worte zu gebrauchen. Die leere Hand des Halters wird als „Magnet" etabliert, auf die der Hund sofort, ohne Zögern und vor allem ohne Locken mit einem Futterbrocken, reagieren soll. Natürlich ist am Anfang eine Belohnung nötig und wichtig, später soll das Leckerchen jedoch wegfallen.

Ist die leere Hand als Orientierungspunkt generalisiert, folgt der Hund der Hand, unabhängig davon, in welche Richtung sich der Halter bewegt. Die Hand setzt Grenzen, die der Vierbeiner beispielsweise an der Leine einhalten soll, oder kann ihn während des Spaziergangs z. B. an eine bestimmte Position lotsen. Ebenfalls bewährt hat sich die Hand als probates Mittel in der Distanzkontrolle. Vorteil an diesem Training: Halter und Hund benötigen keinerlei Vorkenntnisse.

Bluna hält aufmerksam Blickkontakt, sie ist mit Konzentration bei ihrem Frauchen.

Hunden ist die Nasenarbeit angeboren

Allen Vierbeinern ist es angeboren, Menschen, Artgenossen und Gegenstände als erstes mit der Nase zu untersuchen, zu beschnüffeln und zu befühlen. Die Nase ist das vorrangige „Informationsportal" des Hundes. Dieses angeborene Verhalten nutzten wir bei der Erziehung über den Handtouch aus.

Ein weiterer Vorteil dieser Methode ist es, dass Ihr Hund sofort versteht, was Sie von ihm möchten. Auch innerartlich kommunizieren Hunde über Körpersignale und Augenkontakt. Sie brauchen kein weiteres Hilfsmittel und vor allem bedarf es nicht einer ständigen Bestechung Ihres Vierbeiners mit einem Leckerchen, damit er mit Ihnen interagiert und kommuniziert.

Der Blickkontakt als zweite Säule

„Du darfst einem Hund niemals in die Augen schauen ..." höre ich immer wieder. Dabei sind Blick- und Augenkontakt ein wichtiges innerartliches Kommunikationsinstrument bei Hunden.

Die zweite Säule dieser Trainingsmethode ist darum ein zuverlässiger Blickkontakt. Ein Hund, der seinen Halter ansieht, hat keine Zeit, sich um etwas anderes zu kümmern. Positiv aufgebauter Blickkontakt wird vom Hund gerne aufgenommen. Auch Verbote und Verbotsworte baue ich ausschließlich positiv auf. Dazu ab Seite 21 mehr.

Blicke, die Sicherheit geben

Blickkontakte vermitteln nicht nur Sicherheit und Vertrauen, sie erweisen sich zudem in Alltagssituationen als äußerst praktisches Hilfsmittel, welches immer und überall anwendbar ist.

Stellen Sie sich folgende Situation vor: Sie möchten mit dem angeleinten Hund eine Straße überqueren und müssen auf den Verkehr achten. Wie schnell nähern sich die Autos? Kommt eventuell ein Radfahrer? Kommen Ihnen Kinder oder Jogger entgegen? Sind andere Hunde unterwegs? Dem Hund ist das Warten jedoch viel zu langweilig. Er läuft um Sie herum, um am Straßenrand einen interessanten Gegenstand zu beschnüffeln. Auf der anderen Straßenseite steht ebenfalls ein Vierbeiner. Die zuvor um ihre Beine gewickelte Leine spannt sich und Sie müssen sich erst mal befreien. Keine Rede mehr von konzentriertem auf den Verkehr achten.

Die gleiche Situation nach Handtouch- und Blickkontakt-Training: Schon als Sie Richtung Straße gehen, zeigen Sie Ihrem Hund seine Grenze mit der Hand an und führen ihn an der leeren Hand an den Straßenrand. Bleiben Sie stehen, nimmt Ihr Hund sofort Blickkontakt mit Ihnen auf und hält diesen, auch wenn Sie ihn nicht anblicken – er ist mit seinem Kopf bei Ihnen.

Nun haben Sie Zeit, auf den Verkehr zu achten, Radfahrer zu bemerken und den Hund auf der anderen Straßenseite zu beobachten, der seinem Halter gerade die Leine um die Beine wickelt.

Sie haben währenddessen kein Kommando gegeben, der Hund folgte ohne eine verbale Aufforderung nur Ihrer Hand und hat ohne Befehl Blickkontakt aufgenommen. Und selbstverständlich hatten Sie auch kein Leckerchen in der Hand.

Einstieg in das Handtouch-Training

Ihr Hund wird sehr schnell verstehen, um was es beim Handtouch-Training geht. Denn: Wir machen uns die Neugier unserer Vierbeiner zunutze.

Der Trainingsplan

Den Handtouch können Sie wunderbar immer wieder zwischendurch üben, was das Trainieren sehr einfach macht: Geschieht etwas Positives für Ihren Hund, lassen Sie ihn vorher touchen. Also z. B. wenn es zum Spaziergang rausgeht, wenn er ein Kauteilchen bekommt oder abends vor der letzten Mahlzeit usw.

1. Woche

ÜBUNGSSCHWERPUNKT: *Niemals ein Leckerchen in der Hand.*

Beginnen Sie an einem Ort mit wenig Reizen, am besten im Haus oder draußen im Garten. Sie haben Leckerchen im Futterbeutel oder Schüsselchen bereitgestellt. Bieten Sie Ihrem Hund die **leere** Hand seitlich an seiner Nase an. Er wird mit der Nase zur

Yumi lernt über kurze Distanzen, dass sich die leere Hand lohnt. Es werden abwechselnd die linke und die rechte Hand angeboten.

Die Wege, denen Yumi der leeren Hand folgen soll, werden langsam länger. Es befindet sich niemals ein Leckerchen in der Hand.

Hand gehen, da er in einer Erwartungshaltung ist. Belohnen Sie sofort, wenn Ihr Hund mit seiner Nase die Hand auch nur leicht berührt.

Bieten Sie Ihrem Hund abwechselnd die linke und rechte Hand an, niemals beide Hände gleichzeitig. Aus welcher Hand der Hund das Leckerchen bekommt, spielt keine Rolle.

Beugen Sie sich bitte nicht hinunter, wenn Sie einen sogenannten Kleinhund besitzen. Hunde können wunderbar nach oben gucken, zugleich ist dies schon ein erster Schritt in Richtung Blickkontakt-Training.

2. Woche

ÜBUNGSSCHWERPUNKT: *Die äußeren Reize werden erhöht.*

Suchen Sie einen Ort mit leichter Ablenkung auf: Eine wenig befahrene Straße, eine Wiese oder einen Waldrand. Die Belohnung für den Hund befindet sich in einem Futterbeutel oder in der Jackentasche. Sie haben das Leckerchen **niemals** in der Hand.

Bieten Sie dem Hund die leere Hand an, egal, ob die linke oder rechte. Sobald Ihr Hund mit der Nase die Hand berührt, gibt es die Belohnung. Haben Sie den Eindruck, Ihr Hund hat schon einen Plan, was er tun soll, können Sie sich ein paar Schritte bewegen. Er soll dabei Ihrer Hand folgen.

Halten Sie die Übungseinheiten kurz. Wie bei jedem Training brauchen wir am Anfang noch Belohnungshappen. Diese haben Sie aber niemals in der Hand. Ziel ist die Konditionierung auf die leere Hand, wir wollen am Ende die Leckerchen ja weglassen.

Yumi ist mit großem Spaß bei diesem Training dabei. Erfolge stellen sich schnell ein, somit ist das Training immer positiv.

3. Woche

ÜBUNGSSCHWERPUNKT: *Die Generalisierungsphase beginnt.*

Ihr Hund sollte inzwischen zu Hause und draußen bei leichten Ablenkungen zuverlässig touchen. Erhöhen Sie die Reize immer weiter, denen Ihr Hund während des Trainings ausgesetzt ist.

Gehen Sie an eine Bushaltestelle, in die Stadt oder an andere Orte mit Mensch- und Hundbegegnungen. Bieten Sie ihm gut sichtbar eine Hand an: Geht Ihr Hund auf Ihrer linken Seite, wäre es Ihre linke Hand, geht der Hund rechts, soll er der rechten Hand folgen. Leckerchen werden langsam abgebaut, der Hund bekommt nun nicht mehr für jeden Touch eine Belohnung.

Haben Sie den Eindruck, Ihr Hund weiß, was er tun soll, beginnen Sie damit, den Arm und die Hand locker hängen zu lassen. Er sollte hierfür gelernt haben, dass die Hand wichtig ist, egal, in welcher Stellung diese ist. Ihr Vierbeiner sollte weiter der lockeren Hand folgen. Der kleine Hund folgt ebenfalls der locker herunterhängenden Hand, ohne dass Sie sich nach unten beugen.

Wurde die Hand als Magnet etabliert, kann Yumi mit der leeren Hand in jede/r Position geleitet und geführt werden.

4. Woche

ÜBUNGSSCHWERPUNKT: *Generalisierung wird abgeschlossen.*

Ihr Hund toucht zuverlässig in allen Alltagssituationen. Er lässt sich an der Hand in die gewünschte Richtung lenken, ohne dass Sie ihn ansprechen müssen. Die Hand ist zum Magnet geworden, dem Ihr vierbeiniger Freund immer folgt.

Suchen Sie bewusst Orte auf, an denen der Hund vielen Reizen ausgesetzt ist. Wechseln Sie auch die Seite, auf der Ihr Hund geht – mal rechts, mal links. Ihre Hand hängt locker an der jeweiligen Seite herab, auf der sich der Hund befindet. Er muss nicht mit der Nase an der Hand „kleben", sondern dieser nur aufmerksam folgen.

Einen Belohnungshappen bekommt Ihr Hund immer seltener. Zum Abschluss der Übungseinheiten können Sie Ihren Hund die Hand nochmal bewusst touchen lassen und dies dann belohnen.

Nach vier Wochen Training sollten Sie und Ihr Vierbeiner den Handtouch als Führungsmethode verinnerlicht haben.

Lernzielkontrolle

Beurteilen Sie die Fortschritte während des Trainings bitte objektiv. Um einen Überblick zu erhalten, können Sie sich gerne eine Tabelle wie vorgeschlagen anlegen und am Ende einer jeden Trainingswoche ausfüllen.

Klappt das Wochen-Trainingsziel nicht zuverlässig: Geben Sie sich und Ihrem Hund eine Woche mehr Zeit, wenn das Lernziel der Übung nicht erreicht wurde. Wiederholen Sie lieber die Wochenaufgabe, gehen Sie nicht zu schnell vorwärts. Eine sauber aufgebaute Basis erspart Ihnen eine aufwendige und langwierige Korrekturarbeit. Dies gilt grundsätzlich für alle Wochenschritte und alle Übungen in diesem Buch.

Woche	Aufgabe	Klappt die Trainingseinheit zuverlässig? Ja	Nein
1	*Ihr Hund toucht Ihre Hand zuverlässig.*		
1	*Ihr Hund toucht Ihre Hand zuverlässig in ruhiger Umgebung.*		
2	*Ihr Hund toucht Ihre Hand zuverlässig in Umgebung mit wenig Reizen.*		
3	*Ihr Hund toucht Ihre Hand zuverlässig in Umgebung mit starken Reizen.*		
4	*Ihr Hund folgt Ihrer Hand zuverlässig in Umgebung mit wenig Reizen.*		
4	*Ihr Hund folgt Ihrer Hand zuverlässig in Umgebung mit starken Reizen.*		

Wenn es nicht klappen will

Prüfen Sie Ihre Konzentration. Auch mir passiert es im Training immer mal wieder, dass meine Konzentration nicht wirklich bei meinen Hunden ist. Bin ich unkonzentriert, sind sie es auch.

Klären Sie ab, ob sich Ihr Hund wohlfühlt: Ist beispielsweise der Trainingsort für ihn noch zu unruhig? Hat er Angst? Ist er zu aufgeregt? Hat er eventuell Schmerzen?

Machen Sie eine Pause. Beginnen Sie notfalls erst am nächsten Tag wieder mit dem Training. Schließen Sie nie mit einem Frusterlebnis ab. Zur Not belohnen Sie den Hund für eine ganz einfache Übung, z. B. ein Sitz.

Diese Tipps gelten selbstverständlich nicht nur für diese Übungseinheit, sondern für alle im Buch beschriebenen.

Einstieg in das Blickkontakt-Training

Untereinander fragen Hunde mit Blicken nach, geben sich Richtungszeichen, drohen oder beschwichtigen. Wie sagt man so schön: Blicke sagen mehr als tausend Worte.

Der Trainingsplan

Bei diesem Training machen wir uns ebenfalls ein angeborenes Verhalten des Hundes zunutze. Ihr Hund soll dabei lernen, einen Reiz zu ignorieren, mit Ihnen Blickkontakt aufzunehmen und diesen zu halten. Der Reiz kann Futter, Spielzeug, andere Hunde usw. sein.

1. Woche

ÜBUNGSSCHWERPUNKT: *Blickkontakt lohnt sich und wird positiv aufgebaut.*

Beginnen Sie das Üben an einem Ort mit wenig Ablenkung. Zu Beginn dieses Trainings brauchen wir einen Reiz, den der Hund nicht selbst erreichen kann, um zu verhindern, dass dadurch eine Selbstbelohnung auftritt. Nehmen Sie darum einen für den Hund begehrten Reiz in der Hand, z. B. Futterbrocken oder Spielzeug. Zeigen Sie es dem Hund und verbieten Sie ihm mit dem Wort „Nein", das Objekt zu nehmen. Warten Sie, bis er Sie von alleine ansieht, geben Sie kein Kommando (z. B. „Schau mal"). Er soll sich die gewünschte Handlung, also Blickkontakt, aufnehmen, selbst erarbeiten. Versucht Ihr Hund, das Objekt seiner Begierde zu schnappen, schließen Sie die Hand zur Faust.

Sobald Ihr Hund Sie ansieht, auch wenn es nur ein ganz kurzer Blick ist, wird er sofort belohnt.

Sie können den Blickkontakt immer wieder zwischendurch üben, was das Trainieren sehr einfach macht. Immer wenn etwas Positives für Ihren Hund geschieht, können Sie vorher Blickkontakt einfordern. Also z. B. wenn es zum Spaziergang rausgeht, wenn er ein Kauteilchen bekommt oder abends vor der letzten Mahlzeit usw.

Die wichtige zweite Säule meiner Methode ist ein zuverlässiger Blickkontakt. Diesen baue ich gleich in Verbindung mit einem Verbotswort auf.

2. Woche

ÜBUNGSSCHWERPUNKT: *Schwierigkeitsgrad erhöhen.*

Während dieses Übungsschrittes sollte die Umgebung ebenfalls noch reizarm sein. Vor allem junge Hunde lassen sich gerne ablenken. Verlegen Sie dann das Training ggf. wieder zurück nach Hause oder in den Garten.

Ihr Hund schaut Sie verlässlich an, wenn Sie etwas in der Hand haben. Nun gehen wir einen Schritt weiter. Ein für den Hund attraktiver Reiz, Leckerchen oder Spielzeug, liegt auf dem Boden. Sie verwenden wieder Ihr Verbotswort, bei uns einfach „Nein".

Sobald Ihr Vierbeiner Blickkontakt aufnimmt, bekommt er einen Belohnungshappen. Er sollte niemals den Reiz auf dem Boden erreichen. Ist Ihr Hund noch nicht so zuverlässig, sollte er angeleint werden oder Sie wiederholen das Training aus der Woche 1.

Haben Sie den Eindruck, Ihr Hund hat einen Plan, um was es geht, schleichen Sie das Verbotswort langsam aus, bis Sie es gar nicht mehr anwenden. Ihr Hund sollte Sie ansehen, auch wenn Sie ihm das Leckerchen nicht ausdrücklich verbieten. Dieser Schritt ist der wichtigste, da der Hund nun lernt, Blickkontakt auch ohne verbale Aufforderung aufzunehmen. Selbstverständlich wird in dieser Phase noch jede Blickkontaktaufnahme belohnt (siehe auch Impulskontrolle bei Futter, Seite 64).

Auch Verbotsworte werden positiv aufgebaut. Luca wird ein Verbot schneller und zuverlässiger befolgen, wenn es sich lohnt.

3. Woche

ÜBUNGSSCHWERPUNKT: *Bewegte Reize.*

Blickt Ihr Hund Sie zuverlässig an, wenn das Reizobjekt auf dem Boden liegt, erhöhen wir weiter den Schwierigkeitsgrad. Suchen Sie nun eine Umgebung mit höheren Alltagsreizen auf. Der Reiz kann in dieser Phase auch aus Autos, Radfahrer oder anderen Hunden bestehen. Jeder Blickkontakt des Hundes wird belohnt.

Der Hund sitzt am Anfang neben Ihnen. Lassen Sie ein Leckerchen oder ein Spielzeug neben sich auf den Boden fallen. Im Idealfall nimmt Ihr Hund sofort Blickkontakt mit Ihnen auf und wartet auf weitere Anweisungen von Ihnen. Dieser Blickkontakt wird sofort belohnt, den Reiz auf dem Boden sollte der Hund nie erreichen.

Bitte beachten: Ihr Hund soll Sie während eines Spaziergangs selbstverständlich nicht ständig ansehen. Hunde müssen schnüffeln, „Zeitung" lesen und ihre Umwelt beobachten. Dieses Training gilt nur für Reize, bei denen eine Situation kritisch werden könnte, wie im Straßenverkehr, Unbekanntes vom Boden aufnehmen, Hundebegegnungen, Radfahrer, Jogger usw.

4. Woche

ÜBUNGSSCHWERPUNKT: *Generalisierung wird abgeschlossen.*

Wir bewegen uns nun im Alltag. Ihr Hund hat gelernt, über Blickkontakt nachzufragen, wie es weitergeht. Suchen Sie bewusst Situationen, in denen Ihr Hund früher nervös reagiert hat. Wir üben z. B. gerne an Bushaltestellen und Radwegen, da dort so ziem-

Luca hat gelernt, zuerst bei seinem Herrchen mit Blickkontakt nachzufragen, auch wenn noch so schmackhafte Leckereien auf dem Boden liegen.

lich alles geboten wird, was uns im Alltag begegnet: viele Menschen, Kinder, Radfahrer, Jogger, Skater usw.

Sie bewegen sich mit dem angeleinten Hund in normalem Tempo. Sobald Sie das Tempo verringern oder stehen bleiben, sollte Ihr Hund sofort zu Ihnen aufsehen. Belohnen Sie nur noch zwischendurch mit einem leckeren Futterbrocken.

Dieses Training hat sich z. B. bei Hunden, die Autos, Radfahrer und/oder Jogger „jagen", sehr bewährt. Meine Honey hat hypernervös auf Autos reagiert. Ich habe bewusst eine viel befahrene Straße aufgesucht. Jeder von ihr eigenständig aufgenommener Blickkontakt wurde sofort belohnt. Zwischendurch habe ich Honey meine Hand touchen lassen. Nach bereits zwei Wochen mit konsequentem Blickkontakt-Training war das „Auto-Thema" komplett erledigt.

Lernzielkontrolle

Beurteilen Sie die Fortschritte während des Trainings bitte objektiv.

Woche	Aufgabe	Klappt die Trainingseinheit zuverlässig?	
		Ja	**Nein**
1	*Ihr Hund schaut Sie zu Hause zuverlässig an.*		
1	*Ihr Hund schaut Sie draußen in ruhiger Umgebung zuverlässig an.*		
2	*Ihr Hund schaut Sie in Umgebung mit wenig Reizen zuverlässig an.*		
2	*Ihr Hund schaut Sie zuverlässig an, wenn ein Reiz auf dem Boden liegt.*		
3	*Ihr Hund schaut Sie zuverlässig an, wenn Sie einen Reiz werfen.*		
3	*Ihr Hund schaut Sie in Umgebung mit starken Reizen zuverlässig an.*		
4	*Ihr Hund hat generell gelernt, über Blickkontakt nachzufragen.*		

Wenn es nicht klappen will

Gehen Sie vor wie beim Handtouch-Training Seite 19 beschrieben.
Blickkontakt verschafft Ihnen und Ihrem Hund Sicherheit. Sie können sich darauf verlassen, dass der Hund mit seiner Konzentration bei Ihnen ist.

Leinenführigkeit – das ewige Thema

An der Leine Grenzen setzen

Allem voran ist eine schlechte und unkonzentrierte Leinenführigkeit im Alltag mit Abstand das häufigste Problem, welches von Hundehaltern an mich herangetragen wird.

Warum ziehen Hunde an der Leine?

Die Antwort ist einfach: Weil sie es gelernt haben und damit immer erfolgreich waren. Bei der Leinenführigkeit kann schon in der Welpenzeit viel verpasst werden. Der Welpe kommt ins Haus, Halsband ran und raus. Frauchen/Herrchen sind sehr brav und folgen dem süß wackelndem Welpenpopo. Welpe darf Richtung und Geschwindigkeit bestimmen. Er hat gelernt: An der Leine geht es **immer** in **meiner** Geschwindigkeit in **meine** Richtung, Frauchen/Herrchen folgen mir schon, die beiden haben ja eine super Leinenführigkeit.

Big Boy, ein Golden Retriever, ist so ein Fall: Als Welpe hat er die Marschroute bestimmt. Mit zunehmendem Alter und Gewicht wurden Gassigänge immer strapaziöser. Das ganze Malheur gipfelte für Frauchen in einer unfreiwilligen Spritztour auf dem Hosenboden. Big Boy war nie in einer Hundeschule, lebt nun im Garten, weil keiner mehr mit ihm Spazierengehen kann.

Im Durchschnitt kann ein Hund ca. das Vierfache seines eigenen Körpergewichts ziehen. Wie erwähnt, hatte mein Collie-Rüde in seinen besten Zeiten rund 36 kg. Das ergibt eine durchschnittliche Zugkraft von 144 kg. Da dürfte ich noch viel essen.

An der Leine ziehen nervt nicht nur bei großen, schweren Hunden. Auch der 8 kg schwere Parson Russell Terrier kann umwerfend sein, wenn er unvermittelt in die Leine springt. Abgesehen davon, dass es mühselig ist, einen ständig ziehenden, keuchenden Kleinhund auszuführen.

Die richtige „Kleidung“ für den Hund

Viele Hunde sind an der Leine „falsch angezogen“. Ich bekomme Gänsehaut, wenn ich Vierbeiner, noch dazu große, mit Halsband an der Rollleine sehe. Ebenfalls falsch gekleidet ist Hund mit dünnem Halsband und kurzer Leine. Am schlimmsten jedoch ist die Kombination Halsband und Schleppleine. Machen Sie doch bitte selbst einmal gedanklich den Test: Legen Sie sich ein Halsband um und lassen Sie eine Hilfsperson ruckartig daran ziehen. Wie fühlt sich das wohl an?

Vorausschicken möchte ich, dass ich kein genereller Gegner von Halsbändern bin. Meine Hunde tragen z. B. während der Therapiearbeit Halsband oder wenn sie ihre Regenmäntel anhaben – sie ziehen jedoch auch nicht an der Leine.

Die perfekte „Leinen-Kleidung“, vor allem bei Welpen, besteht aus einem gut sitzendem Brustgeschirr und einer maximal zwei Meter langen Leine, idealerweise ohne Ösen, Schlaufen, Ringen oder zusätzlichen Karabinern.

Der Welpe an der Leine

An der Leine ziehen ist erlerntes Verhalten. Lernt der Welpe erst gar nicht, dass sich das Ziehen lohnt, wird er es auch im erwachsenen Alter nicht tun.

Der Trainingsplan

Junge Hunde entwickeln sich rasant. Die Wissenschaft geht davon aus, dass die wichtigste Lern- und Sozialisierungsphase bei Hunden mit der 16. Lebenswoche endet. Sie haben also ein relativ kurzes Zeitfenster, welches Sie zielbewusst nutzen sollten.

ÜBUNGSDAUER: *Trainieren Sie nicht zu lange mit dem Hundebaby. Arbeiten Sie lieber in mehreren 5 bis 10-Minuten-Einheiten am Tag.*

1. Woche

ÜBUNGSSCHWERPUNKT: *Leinelaufen ist lustig.*

Beginnen Sie das Training bitte gleich draußen im Alltag, dort brauchen Sie das anständige Leinelaufen später. Sie haben niemals Leckerchen in der Hand. Der Welpe darf **keinesfalls gelockt** werden. Er wird sonst als erwachsener Hund weiter darauf bestehen.

Der Welpe bestimmt Tempo sowie Richtung und Herrchen folgt brav. So lernt das Hundebaby genau das Falsche, nämlich, dass sich das Ziehen an der Leine lohnt.

Holen Sie schon den Welpen immer wieder zur leeren Touchhand zurück. Machen Sie ein Spiel aus dem Training, lassen Sie keine Langeweile aufkommen.

Starten Sie ein Spiel mit dem Welpen: Lassen Sie ihn spielerisch touchen, Sie bieten ihm immer wieder die Hand an und belohnen den Nasenstupser. Sie können auch ein Spielzeug anbieten, um das Sie balgen. Selbstverständlich ist die Leine **nicht** das Spielzeug.

Zieht der Kleine an der Leine, bleiben Sie stehen und warten, bis er von alleine wieder Kontakt zu Ihnen aufnimmt. Erst jetzt geht es weiter mit dem spaßigen Touchen oder dem Spiel.

Der Welpe muss trotzdem genug Möglichkeit haben, die Umgebung zu beobachten oder zu schnüffeln. Dennoch gilt auch für die Übungspausen: Lassen Sie den Kleinen niemals ziehen. Tut er es doch, bleiben Sie stehen und warten, bis er wieder Kontakt mit Ihnen aufnimmt. Der Welpe darf an der gespannten Leine nie an sein Ziel kommen, er darf keinen Erfolg haben.

2. Woche

ÜBUNGSSCHWERPUNKT: *Spielerische Leinenführigkeit.*

Diese Woche soll der Welpe lernen, dass auch das Erforschen der Umwelt nur an lockerer Leine klappt. Noch trainieren wir spielerisch: Auf einer Wiese können Sie gemeinsam mit dem Welpen Leckerchen suchen. Streuen Sie diese in einem kleinen Radius in die Wiese. Die Leine bleibt immer locker, während Ihr Welpe mit Ihnen zusammen die Leckerchen erschnüffelt. Oder suchen Sie in Gemeinschaftsarbeit ein Spielzeug. Verstecken Sie ein interessantes Objekt, z. B. in einem Gebüsch. Der Welpe darf Ihnen dabei gerne zu sehen. Gehen Sie mit dem Welpen an lockerer Leine in Richtung Versteck. Zieht Ihr Hundebaby, bleiben Sie stehen und warten auf selbstständige Kontaktaufnahme. Ist die Leine wieder locker, geht die Suche weiter.

Bestehen Sie auf Kontaktaufnahme, haben Sie wirklich die Geduld, auch wenn es länger dauert. Lassen Sie Ihren Welpen immer touchen, bevor er eine Belohnung bekommt.

Der Trick gegen Langeweile: Eine wunderbare Möglichkeit, mit dem Hund in Kontakt zu bleiben und das Leinegehen für ihn spannend zu gestalten, sind kleine Tricks, die auch an der Leine einfach auszuführen sind.

Wir beginnen mit einer einfachen Drehung, bei uns heißt es „turn“. Helfen Sie dem kleinen Vierbeiner am Anfang mit der linken Touchhand. Führen Sie das Hundebaby an der linken Seite mit der Hand, bis es sich einmal ganz um die eigene Achse gedreht hat, führen Sie sofort das gewünschte Hörzeichen ein.

3. Woche

ÜBUNGSSCHWERPUNKT: *Kontakt länger halten.*

Ihr Welpe hat gelernt, dass es sich lohnt, bei Ihnen zu bleiben. Wir beginnen in dieser Woche mithilfe der Touchhand zu üben, dass er länger an einer Seite läuft und Kontakt zu Ihnen hält. Geht der Welpe links, bieten Sie ihm die linke Hand an. Er **muss nicht** mit der Nase an der Hand kleben, es reicht, wenn er an lockerer Leine der Hand folgt. Sie haben selbstverständlich **kein** Leckerchen in der Hand, Sie locken den Welpen nicht.

Mr. Bean hat sehr schnell verstanden, dass es sich lohnt, bei seinem Menschen zu bleiben, wenn die Leine locker ist.

Laufen Sie anfangs nur ein paar Schritte, während Ihr kleiner Freund an Ihrer Seite bleibt. Verlängern Sie die Strecken langsam. Gehen Sie nicht zu schnell vor, es darf nicht passieren, dass dem Hundebaby langweilig wird.

Blieb Ihr Welpe schön an der Seite, wäre ein Abschluss der Übung mit dem Handtouch optimal. So weiß Ihr Hund, dass er alles richtig gemacht hat. Auch ein kurzes, ausgelassenes Spiel ist eine wunderbare Belohnung.

Der Trick gegen Langeweile: Jetzt üben wir die Drehung auf der rechten Seite. Bieten Sie Ihrem Vierbeiner die rechte Hand an. Leiten Sie ihn mit der Hand in eine Drehung, bis er sich einmal um die eigene Achse gedreht hat. Sie können entweder das gleiche Hörzeichen verwenden oder ein neues einführen. Die Drehung gegen den Uhrzeigersinn heißt bei uns „turn“, andersherum „twist“.

4. Woche

ÜBUNGSSCHWERPUNKT: *Die Generalisierungsphase beginnt.*

Als Team sind Sie so weit, dass der Welpe kurze Strecken an lockerer Leine neben Ihnen läuft. Um beim Hund keine Monotonie aufkommen zu lassen, kombinieren Sie die Übungen der letzten drei Wochen. Immer dann, wenn Sie den Eindruck haben, Ihr Welpe ist in hohem Maße unkonzentriert, beginnen Sie ein Spiel mit ihm.

Auch hier gilt wieder: Einen Schnüffelerfolg hat Ihr Baby nur an lockerer Leine. Möchte er Geschwindigkeit und Richtung bestimmen, bleiben Sie stehen. Sie bestehen darauf, dass Welpchen von alleine Kontakt aufnimmt, bevor es weitergeht

Bleiben auch Sie mit Ihrer Konzentration beim Welpen. Spielen Sie zwischendurch mit ihm und treten Sie immer wieder mit ihm in eine Interaktion.

Die Strecke, die der Welpe angeleint an Ihrer Seite läuft, wird nun immer länger. Dabei befürworte ich das Sprechen mit einem jungen Hund. So kann er sich sicher sein, dass sein Mensch auf ihn konzentriert ist. Selbstverständlich haben Sie niemals ein Leckerchen in der Hand – wir wollen den Hund nicht locken; er soll lernen, von alleine zu folgen.

Der Trick gegen Langeweile: Jetzt versuchen wir die Drehungen in der Frontposition. Steht Ihr Kleiner vor Ihnen, konzentrieren Sie ihn auf sich. Anfangs können Sie ihn noch mit der Touchhand unterstützen, die Hilfe jedoch nicht etablieren, sondern langsam wieder abbauen. Nun soll sich ihr Hund auf Ihr Signal hin vor Ihnen in die gewünschte Richtung einmal um die eigene Achse drehen.

Lernzielkontrolle

Beurteilen Sie die Fortschritte während des Trainings bitte objektiv.

Woche	Aufgabe	Klappt die Trainingseinheit zuverlässig? Ja	Nein
1	*Ihr Welpe bleibt an der Leine bei Ihnen und spielt mit Ihnen.*		
2	*Ihr Welpe bleibt an der Leine bei Ihnen und tritt mit Ihnen in Interaktion.*		
2	*Ihr Welpe toucht Ihre Hand zuverlässig in ruhiger Umgebung.*		
3	*Ihr Welpe hält über kurze Strecken mit Ihnen Kontakt aufrecht.*		
3	*Ihr Welpe orientiert sich bei Richtung und Geschwindigkeit an Ihnen.*		
4	*Ihr Welpe geht an lockerer Leine eine längere Strecke.*		
4	*Ihr Welpe geht an lockerer Leine auch bei größerer Ablenkung.*		

Wenn es nicht klappen will

Gerade beim Welpen-Training schleichen sich oft Flüchtigkeitsfehler ein, weil Welpchen ja so süß ist, ihm allzu schnell mancher Unsinn verziehen wird. Bitte bedenken Sie, dass es unter Umständen viel Korrekturarbeit bedarf, wenn die Basis nicht sauber aufgebaut ist: Eine Woche Versäumnisse kostet mindestens zwei Wochen Fehlerbeseitigung.

Und: Erwarten Sie keine Wunder. Ihr Hund muss erst lernen, wie „der Hase nun läuft". Bedenken Sie, dass der Kleine die ersten 8–10 Wochen seines Lebens selbst darüber entscheiden durfte, wie schnell er wohin läuft. Nun soll er auf einmal ordentlich an einer Leine laufen, die ihn im Grunde einschränkt. Geben Sie dem Hund genug Zeit zu lernen.

Der Junghund an der Leine

Je nach Rasse beginnt die Pubertät eines Hundes etwa im Alter von 5–12 Monaten. Vor allem in dieser heiklen Zeit sollten Sie sich nicht auf „Diskussionen" einlassen.

Bleiben Sie doppelt konsequent

Kleine Hunde (z. B. Chihuahua oder Pinscher) sind meist wesentlich früher reif als große (z. B. Berner Sennenhund oder Dogge). Diese Zeit wird von Ihnen einiges an Konsequenz abverlangen. Genau so wenig wie ich mit einem dreijährigen Kind über bestimmte Dinge diskutiere, tue ich dies auch nicht mit dem pubertierenden Hund.

Ein extremes Beispiel versäumter Konsequenz und dem Nicht-Einführen klarer Regeln während der Pubertät war Paul, English Bulldog, neun Monate alt. Mit seinen vielen Denkfalten im Gesicht unglaublich süß. Die Halter, ein älteres Ehepaar, haben Paul als Welpe zu wenig bzw. gar nicht korrigiert. Beißen in Hände war ja so süß, er ist ja nicht böse, Spielzeug sammeln und verteidigen war ja so niedlich, er weiß halt was er will, Geschwindigkeit und Richtung an der Leine bestimmen ist ok, er muss ja genug schnüffeln.

Je älter Paul wurde, desto mehr hat er seine Halter infrage gestellt, welche ihm auch körperlich nichts mehr entgegenzusetzen hatten. Dank Muskeltraining an der Leine, er zog Frauchen/Herrchen ständig hinter sich her, nahm seine Zugkraft natürlicherweise immer mehr zu. Ging es Paul zu langsam, rüffelte er seine Halter durch Anspringen oder er stieg mit aller Kraft in die Leine und riss Frauchen von den Beinen.

Paul war Regisseur im Zusammenleben, die Halter nur Statisten. Bleiben Sie Regisseur, diskutieren Sie nicht mit einem Puber-Tier. Was Sie in diesen Wochen versäumen, holen Sie sehr schwer nach. Mit liebevoller Konsequenz aber auch klarer Anweisung wurde aus Paul doch noch ein verlässlicher Begleiter.

Der Trainingsplan

Das Junghund-Training kann mitunter einiges an Nerven und Zeit kosten. Bleiben Sie bitte vor allem bei Hunden im Alter zwischen 6–12, manchmal sogar bis zum 18. Monat, mit viel Liebe und Lob höchst konsequent.

1. Woche

ÜBUNGSSCHWERPUNKT: *Konsequent bleiben.*

Ihr Junghund stellt die im Welpenalter gut trainierte Leinenführigkeit infrage? Zweifeln Sie nicht: In der Praxis habe ich bisher noch nie erlebt, dass Junghunde ab etwa einem Alter von fünf Monaten erlerntes, bisher gut funktionierendes Können nicht hinterfragt hätten. Beginnen Sie jede Übung mit einer Handtouch-Sequenz. Lassen Sie den Hund so lange touchen, bis Sie sicher sind, dass er mit seiner Konzentration bei Ihnen ist.

Mit der Hand leiten Sie den Hund auf die Seite, an der er gehen soll. Zieht er, bleiben Sie stehen. Laufen Sie nicht in die entgegengesetzte Richtung. Damit bringen Sie nur noch mehr Bewegung in den Hund und er zieht noch stärker in die andere Richtung.

Oft kommt es vor, dass Hunde zu jammern und jaulen beginnen. Kommentieren Sie dies bitte nicht, wir diskutieren nicht mit einem Teenager. Jedes Wort motiviert ihn vielmehr dazu, weiter fortzufahren. Gehen Sie lieber einen Schritt rückwärts. In der Regel reicht dieser eine Schritt, um den Jungspund darauf aufmerksam zu machen, dass da noch jemand an der Leine hängt.

Ein ziehender Hund ist sehr anstrengend. Auch kann es zu unschönen Unfällen kommen, wenn ein großer, schwerer Hund etwa das Frauchen umzieht.

Wendet Ihnen der Hund den Kopf zu oder dreht sich sogar um, wird er natürlich sofort gelobt und belohnt. Hat sich Ihr Jungspund wieder auf Sie besonnen, geht der Spaziergang weiter. Er geht auf der Seite, die Sie ihm mit der Hand vorgegeben haben.

Ich weiß, es ist oft schwierig, kann langwierig und frustrierend sein. Oft hat man das Gefühl, alle Arbeit der letzten Wochen war umsonst. Bleiben Sie jedoch bitte gerade in dieser Phase beharrlich, auch wenn diese Übungen noch so langweilig und nervtötend sind.

2. Woche

ÜBUNGSSCHWERPUNKT: *Sprechen im richtigen Moment.*

Im Grunde spreche ich mit meinen Hunden sehr wenig. Bei Junghunden wirkt das Ansprechen des Hundes **im richtigen Moment** jedoch konzentrationsfördernd.

Solange Ihr junger Hund an lockerer Leine mitläuft, sprechen Sie leise, lobend mit ihm. Meist reicht dies schon, um etwas Neugier und Spannung beim Hund zu erzeugen, sodass er in der Regel brav an der Seite läuft. Belohnen Sie ihn zwischendurch und bieten Sie ihm auch immer wieder die Touchhand an, wenn er konzentriert bei Ihnen ist.

Lassen Sie kein Ziehen zu. Versuchen Sie dies schon im Ansatz zu verhindern, indem Sie lobend mit dem Hund sprechen. Lassen Sie es nicht zu, dass der Jungspund mit Ziehen Erfolg hat, das heißt, er kommt an gespannter Leine nicht an die Stelle, wo er hinmöchte.

Nala wird mit der leeren Touchhand an die Position geleitet, an der sie laufen soll. Spielerisches touchen und lobendes Sprechen motiviert Nala dazu, an der Position zu bleiben.

Zieht Nala in eine Richtung, bleibt ihr Frauchen stehen und wartet auf eine selbstständige Kontaktaufnahme. Erst dann bekommt Nala Feedback und eine Belohnung.

Zieht er doch, bleiben Sie stehen und warten wieder darauf, bis sich Ihr Vierbeiner zu Ihnen zurück orientiert. Das ist gerade jetzt in dieser Phase wichtig.

Häufig sehe ich, dass Halter im Training mit dem Hund viel langsamer laufen, als sie es im Alltag oder beim Spaziergang täten. Achten Sie darauf, dass Sie auch während des Trainings ein angemessenes Tempo vorlegen. Halten Sie also ungefähr die Schrittgeschwindigkeit ein, die Sie sonst auch gehen würden.

Der Trick gegen Langeweile: Wir wollen nun fördern, dass der Junghund seine Aufmerksamkeit vollständig auf Sie richtet. Lassen Sie den Vierbeiner vorsitzen. Er soll lernen, seine rechte Pfote auf Ihren linken Fuß und seine linke Pfote auf Ihren rechten Fuß zu tippen. Ob der Hund vorher Pfote geben gelernt hat, ist nicht wichtig. Bei uns heißt dieser Trick „Tip-Tap".

Bieten Sie Ihrem Hund Ihren rechten Fuß an und warten Sie, bis er seine Pfote auf Ihre Fußspitze tippt, was sofort belohnt wird. Genau so verfahren Sie mit dem linken Fuß. Haben Sie Geduld, Ihr Hund wird seine Pfote anbieten. Kann Ihr Jungspund schon Pfote geben, können Sie ihm etwas mit der Hand helfen. Das ist ein wunderbarer Leinen-Trick, um den Hund im Stehen konzentriert bei sich zu behalten.

3. Woche

ÜBUNGSSCHWERPUNKT: *Nicht auf Ideen kommen lassen.*

Diese Woche verfestigen Sie das Gelernte aus den bisherigen Einheiten. Lassen Sie Ihren Junghund nie auf die Idee kommen, er könnte Sie in seine Richtung ziehen oder umwerfen. Wie schon erwähnt, sehe ich leider noch immer häufig Hundehalter, die mit Handy in der Hand spazieren gehen. Das ist nicht nur gefährlich, sondern auch respektlos gegenüber dem Hund. Vorausschauend Spazierengehen kann viele kritische Situationen von vornherein verhindern.

Ihr Hund sollte gelernt haben, ohne Ziehen an der Leine zu laufen. Angesichts eines Reizes, z. B. einer Katze oder Wild, kann es jedoch vorkommen, dass er unvermittelt in die Leine springt. Da Sie auf Ihren Hund konzentriert sind, können Sie sofort agieren, sind auf den Ruck gefasst und können diesen abfangen.
Bleiben Sie stehen, drehen Sie sich um. Erst wenn Ihr Hund sich von alleine wieder Ihnen zuwendet, gibt es ein ganz besonderes Leckerchen. Leiten Sie ihn mit der Hand in die gewünschte Position, an der er dann auch weiterlaufen soll.

Machen Sie sich für den jungen Hund an der Leine immer wieder interessant. Bauen Sie während dem Laufen Touch-Sequenzen ein. Bleiben Sie mit dem Hund nicht nur mental in Verbindung, sondern auch körperlich.

Auch das Anbieten eines kleinen Spielzeuges kann helfen, die Konzentration des Hundes zu halten. Selbstverständlich haben Sie Leckerchen oder Spielzeug **niemals ständig** in der Hand. Nach einem kurzen Spiel an der Leine stecken Sie das Spielzeug wieder in die Tasche. Der Hund soll nicht gelockt oder abgelenkt werden, er soll lernen, dass er etwas angeboten bekommt, wenn er bei Ihnen bleibt.

4. Woche

ÜBUNGSSCHWERPUNKT: *Grenzen generalisieren.*

In dieser Woche soll Ihr Hund lernen, dass es gar nicht so langweilig ist, an der Leine zu gehen. Bleiben Sie im Training immer konsequent. Lassen Sie sich keinesfalls dazu erpressen, nun doch ein Lockmittel in die Hand zu nehmen.

Verwenden Sie die Touchhand als Grenze, die der Hund nicht überschreiten soll. Ihre Hand hängt locker an der Seite, auf der er laufen soll. Ihr Vierbeiner soll sich an der

Um Nala zu motivieren, sich wieder auf eine Interaktion mit Frauchen zu konzentrieren, bekommt sie ein Angebot von ihrem Menschen – hier ein Spielzeug.

Hand orientieren, diese angezeigte Grenze nicht überschreiten. Loben und belohnen Sie häufig. Dies ist eine optimale Vorbereitung auf eventuell angestrebte Prüfungen. Überschreitet der Hund die Hand-Grenze, holen Sie ihren Vierbeiner mit der Touchhand zurück in die Position. Ziehen Sie den Hund nicht an der Leine an die gewünschte Stelle, er wird sonst später immer auf diese motorische Einwirkung warten. Leiten Sie den Hund vielmehr mit Ihrer Touchhand an, dafür haben wir diese ja aufgebaut.

Der Trick gegen Langeweile: Um dem Hund auch Ihre Rückseite schmackhaft zu machen, versuchen wir „Tip-Tap" jetzt hinter Ihnen. Dafür sollte „Tip-Tap" in der Frontposition klappen. Ihr Hund sitzt hinter Ihnen. Sie bieten ihm Ihre rechte Ferse an, auf die er nun seine rechte Pfote legen soll und linke Pfote auf Ihre linke Ferse. Verwenden Sie das Hörzeichen, welches Sie etabliert haben.

Lernzielkontrolle

Beurteilen Sie die Fortschritte während des Trainings bitte objektiv.

Woche	Aufgabe	Klappt die Trainingseinheit zuverlässig? Ja	Nein
1	*Ihr Junghund läuft an lockerer Leine an Ihrer Seite.*		
2	*Ihr Junghund hält an der Leine mit Ihnen Kontakt.*		
3	*Ihr Junghund nimmt nach Ablenkung von alleine Blickkontakt mit Ihnen auf.*		
4	*Ihr Junghund hält die von der Hand gesetzte Grenze ein.*		
1–4	*Ihr Junghund trickst mit Ihnen an der Leine.*		
4	*Ihr Hund folgt Ihrer Hand zuverlässig in Umgebung mit starken Reizen.*		

Wenn es nicht klappen will

So viel Konsequenz der Junghund in dieser Entwicklungsphase braucht, so viel Verständnis, Geduld und Liebe sollten Sie ihm auch entgegenbringen.

Es ist manchmal eine nervenaufreibende Zeit, in der viel Fingerspitzengefühl gefragt ist. Falls es nicht klappen will, arbeiten Sie jeden Wochenschritt notfalls über zwei Wochen. Setzen Sie sich und den Hund niemals unter Druck, dann geht's erst recht nicht.

Machen Sie eine Pause, ggf. üben Sie erst am nächsten Tag weiter. Es gibt Hunde, die müssen eine Nacht darüber schlafen, um zu lernen.

Es kann auch helfen, wenn Sie dem Hund zwischendurch ein ganz tolles Leckerchen, z. B. Käse, bieten.

Dem sogenannten „Leinepöbeln“ kann nur entgegengewirkt werden, wenn die Ursache bekannt ist. Häufig handelt es sich hier auch um unbewusst anerzogenes Verhalten.

Probleme an der Leine

Die Leine ist Fluch und Segen zugleich. Zum einen schützt sie den Hund vor Unfällen, andererseits kann an der Leine viel unerwünschtes Fehlverhalten entwickelt werden.

Gemeinsam sind wir stark

Wer kennt sie nicht, die „Erdmännchen-Hunde“, die auf den Hinterbeinen in der Leine hängen. Ist der Hund im Freilauf allgemein gut verträglich, gebärdet er sich an der Leine wie ein Tasmanischer Teufel. Allem Anschein nach ohne nachvollziehbaren Grund.

Ein Hund tut jedoch niemals etwas ohne Grund. Vielleicht hat sein Mensch dieses Verhalten unbewusst bestätigt, sei es durch Sprechen oder ein Lockmittel. So hat der Vierbeiner gelernt: Gemeinsam sind wir stark, die Unterstützung hängt ja am anderen Ende der Leine.

Der Angst-Pöbler

Grundmotivation können sowohl eine ungenügende Sozialisierung und/oder schlechte Erfahrungen sein. Der Hund wurde als Welpe/Junghund von Artgenossen ferngehalten, eine Kommunikation mit anderen Vierbeinern wurde immer wieder unterbrochen oder unterbunden. So ein Hund ist unsicher, da er andere Hunde schlichtweg nicht versteht.

Ungute Erfahrungen an der Leine können viele Ursachen haben. Hunde verknüpfen schnell die Einwirkung auf den Körper mit Situationen. Es muss nicht zwingend der Frontalangriff eines anderen Hundes gewesen sein. Auch Schmerzen, Erschrecken oder ein dem Hund Angst machendes Geräusch können zu Fehlverknüpfungen an der Leine führen.

Der Frust-Pöbler

Dieses Fehlverhalten beginnt schleichend. Schon der Welpe hat nie gelernt, ordentlich an der Leine zu gehen. Immer durfte er bestimmen, in welcher Geschwindigkeit es in welche Richtung geht. Konnte der Halter den Jungspund noch gut zurückhalten, funktioniert das mit dem erwachsenen 35-kg-Hund nicht mehr. Der Vierbeiner versteht nicht, warum es nun nicht mehr nach seiner Nase geht und gerät in Frust.

Auch Hunde, die ausschließlich an der Leine geführt werden, können Frustverhalten entwickeln. Neben einer Hund-gerechten geistigen Auslastung müssen Hunde auch mal so richtig den Kopf durchblasen. Bekommt ein Bewegungstier wie der Hund ständig nur einen Lebensraum eines 2-m-Radius geboten, entsteht Bewegungsstau, den der Hund in Fehlverhalten zu kompensieren versucht. Freilauf ist für Hunde immens wichtig, um ein ausgeglichenes Wesen zu entwickeln.

Der Trainingsplan

Versuchen Sie vorab zu definieren, welcher Pöbel-Typ Ihr Hund ist. Angst-Pöbler brauchen oft mehr Zeit als der Typ „Gemeinsam sind wir stark“. Testen Sie ebenfalls aus, welche Individualdistanz Ihr Hund hat. Es gibt Kandidaten, die schon die Nerven verlieren, wenn sie den Artgenossen aus weiter Entfernung sehen. Anderen reicht ein Abstand von einigen Metern, um ruhig zu bleiben.

1. Woche

ÜBUNGSSCHWERPUNKT: *Begegnungen auf Distanz.*

Beginnen Sie das Training an einem Ort, der weniger frequentiert wird. Optimal wäre es, wenn Sie sich mit 1–2 anderen Hundehaltern verabreden könnten, die als Trainingspartner fungieren. Lassen Sie Ihren Hund vorsitzen, touchen Sie so lange, bis Sie sicher sind, dass seine Konzentration ganz bei Ihnen ist. Während Sie Ihren Hund nun an den anderen Vierbeinern vorbeiführen, bleiben Sie mit ihm im Touch-Modus. Sprechen Sie so wenig wie möglich mit ihm. Ein leises, beruhigendes Loben im richtigen Moment ist in Ordnung. Schließen Sie diese Übung mit einem Vorsitzen und Touch ab. Bestehen Sie auf Blickkontakt.

Je erregter und aufgeregter Ihr Hund wird, desto ruhiger und leiser sollten Sie werden. Ich weiß, es ist am Anfang sehr schwierig, ihn nicht an der Leine zurückzuziehen. Halten Sie die Leine jedoch auf jeden Fall so locker wie möglich. Werden Sie nicht nervös, versuchen Sie vielmehr, so entspannt wie möglich zu bleiben – beides überträgt sich auf den Hund.

Verhält sich Rüdiger ruhig, wenn andere Hunde vorbeigehen, wird er selbstverständlich sofort belohnt. Die Distanzen werden ganz langsam reduziert.

Überschreiten Sie nie den Stresspunkt Ihres Hundes. Brechen Sie die Übung lieber ab, wenn Sie merken, dass er nicht mehr aufnahmefähig ist. Länger als zehn Minuten sollten Sie am Anfang nicht trainieren.

2. Woche

ÜBUNGSSCHWERPUNKT: *Distanzen verringern.*

Sie haben definiert, welche Distanz Ihr Hund noch ertragen kann, um ruhig zu bleiben. Verringern Sie den Abstand zu anderen Vierbeinern nun langsam weiter. Fängt Ihr Hund dabei an zu bellen, sprechen Sie ihn bitte keinesfalls an. Jedes noch so kleine Feedback von Ihnen auf seine Aufgeregtheit ermuntert ihn nur dazu, weiterzumachen. Lassen Sie den Hund lieber nochmals touchen, so kommen seine Gedanken wieder zu Ihnen.

Kurze Touch-Einheiten vor dem Start sind sinnvoll, um Ihren Vierbeiner in Konzentration auf Sie zu animieren. Halten Sie die Leine so locker wie möglich und passieren Sie den fremden Hund, während Ihrer der leeren Hand folgt. Wenn Ihr Hund dabei Blickkontakt zu Ihnen hält, können Sie sicher sein, dass er konzentriert bei Ihnen ist. Schließen Sie die Übung wieder mit einem Vorsitzen und einem Handtouch ab.

Der Trick gegen Langeweile: Sehr temperamentvolle Hunde können bei diesen Übungen Frust aufbauen. Ein Zerrspiel kann bei diesen Kandidaten wieder etwas Dampf abbauen.

Bieten Sie Ihrem Vierbeiner ein Zerrspielzeug an und beginnen Sie ein Spiel. Er darf dabei richtig arbeiten und seinen Frust abbauen. Natürlich bleibt das Zerrgel immer in Ihrem Besitz, der Hund soll nicht alleine damit spielen. Er gibt das Spielzeug auch her, wenn Sie das Spiel beenden.

3. Woche

ÜBUNGSSCHWERPUNKT: *Ruhig vorbeigehen.*

Sie beide sind jetzt so weit, dass Sie an fremden Hunden in immer geringeren Distanzen vorbeigehen können. Ihr Hund hat gelernt, dass es sich lohnt, wenn er sich auf Sie konzentriert.

Verringern Sie die Distanzen weiter. Vermeiden Sie es bitte, an der Leine zu zerren oder dem Hund andersartiges Feedback zu geben. Wechseln Sie auch die schon erlernten Tricks an der Leine ab. Solange der Vierbeiner aufmerksam bei Ihnen bleibt, belohnen Sie dies, jedes Abschweifen von ihm quittieren Sie mit Ignoranz. Gehen Sie in diesem Fall bitte zügig weiter, bleiben Sie nicht stehen und sprechen Sie nicht mit ihm. Ihr Hund soll sich auch diesen Lernprozess so weit wie möglich alleine erarbeiten.

Ist der Hund mit Ihnen beschäftigt, hat er keine Zeit, sich um etwas anderes zu kümmern. Achten Sie darauf, wann der Hund von alleine mit Ihnen Kontakt aufnimmt: Das kann ein Blick oder ein kurzes Innehalten sein. Reagieren Sie auf die Kontaktaufnahme und belohnen ihn.

Rüdiger hat gelernt, dass es sich viel mehr lohnt, mit Frauchen zu kommunizieren, als sich über andere Hunde aufzuregen. Die Distanzen werden immer geringer.

4. Woche

ÜBUNGSSCHWERPUNKT: *Begegnung ohne Aufregung.*

Waren Sie konsequent, sollte Ihr Hund in der Lage sein, ruhig und ohne Aufregung an anderen Hunden vorbeizugehen.

Trainieren Sie nun in Gebieten mit höheren Reizen weiter. Suchen Sie bewusst stärker frequentierte Gassirouten auf. Kombinieren Sie die Übungen der bisherigen 3 Trainingswochen. Mal halten Sie eine größere Distanz zu einem Reiz ein, dann wieder eine geringere. Bieten Sie Ihrem Vierbeiner immer wieder die Touchhand an und belohnen Sie den Stupser.

Beschäftigen Sie den Hund während Sie an anderen vorbeigehen. So bleibt er mit dem Kopf bei Ihnen. Sie haben Leckerchen oder Spielzeug jedoch nicht ständig in der Hand, der Hund soll nicht gelockt werden.

Nicht ein Leben lang: Um Missverständnisse zu vermeiden, möchte ich hier **betonen**, dass Sie nicht ein Leben lang touchend und tricksend mit dem Hund an der Leine laufen müssen. Es geht darum, dass er **lernt**, dass es sich lohnt, wenn er sich auf Sie konzentriert. Es lohnt sich nicht, andere Hunde, Jogger, Autos oder Radfahrer zu verbellen, es lohnt sich nicht, seine Aufmerksamkeit Reizen zu schenken. Hat der Hund ruhiges Verhalten an der Leine gelernt, verringern Sie selbstverständlich das Touchen und Tricksen.

*Der Trick gegen Langeweile: „Judihui". Rüdiger soll nur mit den Vorderpfoten hochhopsen, **nicht** seinen Menschen anspringen. „Judihui" ist nur ohne Berührung des Halters richtig.*

Der Trick gegen Langeweile: Wie das leise Sprechen im richtigen Moment, werden Tricks an der Leine leider noch immer belächelt. Es ist jedoch genau die Förderung, die gerade bei Leinen-Pöblern einfach, schnell und mit Spaß helfen kann, da sich der Hund auf den Halter konzentrieren muss.

Ein weiterer einfacher Trick heißt bei uns „Judihui". Der Hund soll an der Seite einen Hopser mit den Vorderbeinen machen. Ist der Hund auf der linken Seite, bieten Sie ihm die linke Hand, mit der Handfläche nach oben, an. Der Hund folgt seiner angeborenen Neugier und möchte wissen, ob und was sie da auf der Hand haben. Er macht automatisch einen Hopser mit den Vorderbeinen. Dieser Hopser wird belohnt, führen Sie sofort das Hörzeichen ein. Sie können selbstverständlich auch ein „Hop" oder „Hopps" verwenden.

Es geht nicht um das Anspringen, beim „Judihui" berührt der Hund den Halter nicht.

Lernzielkontrolle

Beurteilen Sie die Fortschritte während des Trainings bitte objektiv.

Woche	Aufgabe	Klappt die Trainingseinheit zuverlässig? Ja	Nein
1	*Ihr Hund bleibt bei großer Distanz ruhig.*		
2	*Ihr Hund kann nun näher an Reizen vorbeigehen.*		
2	*Ihr Hund bleibt auch bei geringer Distanz konzentriert bei Ihnen.*		
3	*Ihr Hund toucht zuverlässig bei Reizen.*		
4	*Ihr Hund trickst bei Reizen konzentriert mit Ihnen.*		
4	*Ihr Hund nimmt auch von alleine Kontakt zu Ihnen auf.*		

Wenn es nicht klappen will

Wie eingangs schon erwähnt, ist die Ursache des Pöbelns an der Leine ausschlaggebend für die Dauer des Trainings. Handelt der Hund aus Angst, ist es immens wichtig, dass Sie ihm Sicherheit und Vertrauen geben. Je souveräner und ruhiger Sie auftreten, desto vertrauensvoller wird Ihnen der Hund folgen.

Haben Sie einen Frust-Pöbler an der Leine, beschäftigen Sie den Hund schon vor dem Gassi. Machen Sie mit ihm Nasen- und Suchspiele. Lassen Sie ihn Leckerchen oder ein Spielzeug suchen. 15 Minuten intensive Nasenarbeit vor dem Spaziergang nehmen ihm schon den ersten Dampf. Auch konzentrierte Kopfarbeit, Tricks, Dog Dance oder Einsteinspiele vor dem Spaziergang können den Hund „runterfahren".

Auch Radfahrer sind Rüdiger nach dem Training egal. Er nimmt den Blickkontakt perfekt auf und ignoriert den bewegten Reiz.

Impulskontrolle bei bewegten Reizen

Das Jagen von Autos, Radfahrern, Joggern und Wild kann zu schweren Unfällen führen. Angeborener Jagdtrieb und/oder Hütetrieb sind in der Regel Auslöser für dieses Verhalten.

Verbot versus Impulskontrolle

Gerade bewegte Reize sind für viele Hunde sehr verlockend. Da Hunde Bewegungsseher sind, werden gerade Dinge, die sich bewegen, von ihnen in der Regel am besten visuell wahrgenommen – auch aus großer Entfernung. Hat der Vierbeiner aufgrund eines Verbotes gelernt, z. B. diesem bewegten Reiz nicht nachzugehen, ist das nicht mit Impulskontrolle gleichzusetzen. Denn: Impulskontrolle bedeutet, der Hund widersteht einem Reiz nicht nur bei Verbot, sondern er ignoriert den Impulsauslöser immer und von alleine.
In einem meiner Kurse in Oberammergau nahm eine Halterin mit ihrem Pudel teil. In deren Hundeschule wurde gerade die Impulskontrolle folgendermaßen geübt:

Die Halterin wirft einen Futterbeutel und verbietet dem angeleinten Hund, dem Futterbeutel nachzulaufen. Sie ließ den Pudel absitzen während dieser ihr den Rücken zuwandte, dann schickte sie den Hund zum Futterbeutel.

Während dieser Übung entstand keine Kommunikation zwischen Hund und Halterin. Der Hund war während der gesamten Übung auf den Beutel fixiert. In keiner

Bewegungen sind für viele Hunde einfach unwiderstehlich. Auch auf große Entfernung können sie kleinste Bewegungen wahrnehmen.

Sekunde hat er sich zum Frauchen umgewendet oder ist mit ihr in eine Interaktion getreten. Er hat lediglich ein Verbot befolgt, jedoch keine Impulskontrolle gezeigt. Ich bin mir sicher, dass der Hund, wäre er nicht angeleint gewesen, dem Futterbeutel sofort nachgelaufen wäre.

Verbot kann immer nur präventiv sein

Wenn ich meinen Hunden etwas verbiete, ist es de facto verboten. Ein Verbot kann man immer nur präventiv anwenden, das heißt, ein Verbot wird ausgesprochen **bevor** der Hund etwas tut. Wie im obigen Beispiel das Laufen zum Futterbeutel.

Ein Hund kann nicht „auseinandersortieren", dass er erst nicht zum Beutel darf und dann auf einmal schon. Irgendwann wird der Hund sich sagen: „Ok, wozu warten, ich darf ja dann doch, also gehe ich gleich …" Wenn man seinen Kindern verbietet, die Wand zu bemalen, dürfen diese es später auch nicht; Wände bemalen ist verboten – immer. Ein Verbot wird nicht aufgehoben.

Impulskontrolle muss ohne Verbot funktionieren

Der Unterschied von Verbot und Impulskontrolle ist, dass bei einer generalisierten Impulskontrolle der Hund sein Verhalten von alleine kontrolliert und abbricht.
Das heißt: Frauchen wirft den Futterbeutel und der Hund dreht sich von alleine, ohne vorher ein Verbot erhalten zu haben, zu Frauchen um und nimmt Blickkontakt auf.

Allem voran bei der Giftköderprävention ist es wichtig, dass der Hund **erst** beim Halter nachfragt, bevor er weiter handelt. Köder findet der Hund zu 99,9 % schneller als der Mensch, da ist es für ein Verbot in aller Regel zu spät (siehe Seite 64).

Was tun, wenn ...?

Gehört Ihr Hund zu jenen, die bei jedem oder einem starken bewegten Reiz „anspringen" und Sie möchten daran arbeiten, dies zu ändern? Zunächst gilt es zu klären, ob das Verhalten Ihres Vierbeiners von einem genetisch festgelegten Trieb ausgelöst wird oder aus Frust geschieht.
Grundsätzlich kann mit dem Schleppleinen-Training die Impulskontrolle bei bewegten Reizen gut geübt werden (siehe Übungen ab Seite 48).

... der Hund Autos und Radfahrer hütet?

Dieses Problem wird gar nicht so selten von z. B. Border-Collie- oder Australian-Shepherd-Haltern an mich herangetragen. Die Hunde reagieren extrem auf vorbeifahrende Autos und Radfahrer. Auch meine Collie-Hündin hatte etwas gegen „fliehende" Radfahrer. Verfolgen, überholen, stoppen und zurückbringen, ist bei diesen Hunden genetisch festgelegtes Verhalten und kann nicht abtrainiert werden. Zur Lösung dieser Probleme arbeite ich neben dem Schleppleinen-Training mit Verhaltensumlenkung z. B. hin zu einer Interaktion mit dem Halter.

... der Hund auf Jagd geht?

Auch der Jagdtrieb ist genetisch bedingt, dementsprechend kann diese angeborene Handlungsweise ebenfalls nicht abtrainiert werden. Der Begriff „Anti-Jagdtraining" ist deshalb irreführend. Es muss vielmehr dahingehend trainiert werden, dem Hund die Möglichkeit zu geben, seine angeborenen Triebe in kontrollierter Weise in einem sicheren Umfeld auszuleben und befriedigen zu können. Sei es mit Mantrailing oder der Rettungshundeausbildung.

... der Hund frustiert ist?

Frust entsteht immer dann, wenn ein wichtiges Bedürfnis nicht erfüllt und/oder ausgelebt werden kann. Stellen Sie sich einen Menschen vor, der gerne Sport betreibt, ihm das jedoch immer wieder verwehrt wird. Über kurz oder lang, meist eher über kurz, wird dieser Mensch Frust entwickeln, er kann sein Verlangen nach Sport nicht befriedigen. Genauso geht es den Vierbeinern, die sie über einen großen Bewegungsdrang verfügen und nur an der kurzen Leine ausgeführt werden.

Die fehlende Impulskontrolle ist bei frustbedingten Problemen in der Regel erlernt und deshalb mit einem konsequenten Training gut unter zu Kontrolle zu bringen.

Schleppleinen-Training heißt nicht, dass der Hunde die Leine hinter sich herschleppt. Enrico kann samt der Schleppleine seine eigenen Wege gehen.

Schleppleinen-Training

Den Hund an einer langen Leine auszuführen – das ist noch kein Schleppleinen-Training. Über dieses Training soll der Hund vielmehr lernen, eine von Ihnen bestimmte Distanz einzuhalten.

Der Trainingsplan

Das Schleppleinen-Training kann mitunter länger dauern. Der Hund muss ja erst lernen, dass ab einer bestimmten Distanz für ihn „Ende" ist. Je konsequenter, mit positiver Bestätigung, Sie ihm diese Grenze setzen, desto schneller wird er sie akzeptieren und auch einhalten. Trainieren Sie notfalls die Wochenschritte über zwei Wochen.

Finales Ziel des Schleppleinen-Trainings ist, dass der Hund zuverlässig im Freilauf geführt werden kann. Ein Leben nur an der Leine ist nicht erstrebenswert, es schränkt den Vierbeiner in allen Lebensbereichen zu sehr ein.

1. Woche

ÜBUNGSSCHWERPUNKT: *Basis Blickkontakt.*

Beim Training ist der Blickkontakt die wichtigste Basis. Ein Hund, der gelernt hat, beim Halter nachzufragen, wie es weitergeht, hat in diesem Moment keine Zeit, sich um etwas anderes zu kümmern (siehe Blickkontakt-Training, Seite 19).

Enrico nimmt zuverlässig Blickkontakt auf, wenn die Schleppleine seine Distanz begrenzt. Der erste Schritt zur Distanzkontrolle wird erlernt.

Wir arbeiten sofort im Alltag, das heißt, auf der Straße, im Ort oder im Wald, dort brauchen wir die Impulskontrolle später. Der Hund befindet sich in Feld und Flur an der maximal fünf Meter langen Schleppleine. An Straßen und in Ortschaften benutzen Sie selbstverständlich eine kurze Arbeitsleine. Zu Beginn des Trainings verwenden wir noch unser positiv etabliertes Verbotswort „Nein“ (siehe Blickkontakt-Training, Seite 19).

Begegnet uns der für den Hund auslösende Reiz, setzen wir schon, **bevor** der Hund impulsiv darauf reagiert, das Verbotswort ein. Reagiert der Hund darauf und blickt zu Ihnen, wird dies sofort belohnt.

Reagiert Ihr Hund nicht, bleiben Sie stehen und gehen einen Schritt rückwärts und/oder drehen sich um. Kommt Ihr Hund dann zu Ihnen, wird er belohnt. Reagiert der Hund noch immer nicht, gehen sie solange langsam Schritt für Schritt rückwärts, bis Ihr Hund sich Ihnen zuwendet. Sprechen Sie nicht zu viel, wiederholen Sie lieber hin und wieder das Verbotswort.

Je nach Grad der Aufregung kann dies etwas dauern. Vor allem bei Hunden, bei denen sich dieses Verhalten schon verfestigt hat. Geduld und Ruhe sind die wesentlichen Trainingspartner. Das wichtigste Ziel der ersten Woche ist, eine perfekte Basis zu schaffen.

Bei der sogenannten Schatzsuche zeigt der Hund ein verstecktes Objekt mit der Nase an. Bluna, als Lagotto prädestiniert für die Sucharbeit, macht das schon ganz gut.

2. Woche

ÜBUNGSSCHWERPUNKT: *Reiz heißt Aufmerksamkeit zum Halter.*

In diesem Lernschritt soll der Hund lernen, Reiz und Aufmerksamkeit mit Ihnen zu verknüpfen. Das heißt, er sieht einen Anreiz, wendet sich jedoch von alleine Ihnen zu. Ihr Vierbeiner geht auf der ihm zugewiesenen Seite an der kurz aufgenommenen Schleppleine. Nehmen Sie den Hund immer auf die Seite, die Ihnen angenehmer ist. Der Hund muss nicht zwingend immer links gehen.
Gehen Sie vorausschauend spazieren. Versuchen Sie die Aufmerksamkeit Ihres Hundes zu bekommen, **bevor** er auf den Reiz reagiert, den er gesehen hat. Wendet sich der Hund bei Sichtung Ihnen zu, belohnen Sie sofort das richtige Verhalten. In dieser Woche verwenden wir noch das Verbotswort.

Der Trick gegen Langeweile: Hunde sind dafür „gemacht", mit uns zusammenzuarbeiten. Ja, auch Jagdhunde. Mittlerweile haben wir ja schon einige Beschäftigungsarbeit an der Leine kennengelernt und erarbeitet.

Eine weitere gute Möglichkeit, gerade Jagdhunde an der Leine zu beschäftigen, sind Schnüffelspiele. Eine sogenannte „Schatzsuche" funktioniert auch an der Leine. Ich verwende dafür ein Teeei. In dieses Teeei kommt ein kleines, super gut riechendes Leckerchen, es darf auch mal Käse sein. Das Teeei kann gezielt versteckt oder auch nur auf die Wiese geworfen werden. Die Aufgabe des Hundes ist es, das Teeei zu finden und anzuzeigen. Er soll das Teeei nicht apportieren, sondern an der Stelle auf Sie warten. Er bekommt das Leckerchen aus dem Teeei aus Ihrer Hand.

Teeeier sind für dieses Spiel optimal geeignet, da sie keine Feuchtigkeit aufnehmen, nicht rosten und sehr schnell gereinigt werden können. Außerdem sind sie klein genug, um in jeder Jackentasche Platz zu finden.

3. Woche

ÜBUNGSSCHWERPUNKT: *Distanzkontrolle.*

Inzwischen sollte Ihr Hund so weit sein, dass er sich erst Ihnen zu wendet, wenn er etwas Interessantes sieht.

Der Hund darf nun an der Schleppleine schon größere „Kreise drehen". Er soll lernen, auch auf größere Entfernung, erst nachzufragen und eine gewisse Distanz einzuhalten. Ziehen Sie den Hund an der Schleppleine niemals zu sich heran, er ist kein „Schlauchboot".

Hat der Hund etwas Interessantes erblickt, sieht sich jedoch nicht von alleine zu Ihnen um, machen Sie ihn kurz auf sich aufmerksam. Verwenden Sie dazu den Namen des Hundes. Bitte nur ein- oder maximal zweimal rufen. Sie laufen jetzt nicht ständig den Namen des Hundes rufend hinter dem Vierbeiner her. Das Verbotswort wird nicht mehr verwendet.

Erico wendet sich bei Schleppleinen-Ende von alleine um. Frauchen bietet ihm die zur Seite ausgestreckte Touchhand an.

Reagiert Ihr Hund auf seinen Namen mit einem kurzen Umsehen, können Sie die Touchhand einsetzen, um ihn heranzuholen. Kommt er brav zu Ihnen, gibt es natürlich „Party".

Beachtet Sie Ihr vierbeiniger Freund nicht, gehen Sie bitte erst wieder einen Schritt rückwärts (Sie ziehen ihn aber nicht heran) und/oder drehen sich um. Glauben Sie mir, er merkt, dass Sie ihm den Rücken zuwenden – 99 % aller Hunde kommen in diesem Fall dann auch schnell heran.

4. Woche

ÜBUNGSSCHWERPUNKT: *Rückruf etablieren.*

Im Team sind Sie so weit, dass sich Ihr Hund verlässlich von alleine zu Ihnen umdreht. Die Touchhand ist als Zeichen zum Kommen etabliert.

Anders als bei Tricks, bei denen ich sofort das entsprechende Hörzeichen einsetze, beginne ich beim Rückruf-Training erst in dieser Phase mit dem Rückrufwort oder -signal. Weil der Hund ja im Vorfeld schon gelernt hat, dass sich ein Kontakt halten lohnt, ist es um ein Vielfaches leichter, das Rückrufwort oder -signal nun zu etablieren. Geeignet ist der übliche Pfiff oder auch das gängige „Hier".

Mit sichtlich großer Freude und Enthusiasmus kommt Enrico heran und toucht schwungvoll die Hand. Genau so muss es sein: Dieses Training soll Freude machen.

Ihr Vierbeiner befindet sich noch an der Schleppleine. Immer wenn sich der Hund von alleine Ihnen zuwendet, verwenden Sie das gewünschte Rückrufwort/Signal. Kommt der Hund brav heran, wird natürlich belohnt, eine „kleine Party“ hat er sich verdient.

Kommt der Hund nicht zu Ihnen, bleiben Sie stehen. Statt immer wieder das Wort zu rufen, gehen Sie lieber einen Schritt Rückwärts und/oder drehen sich um. Dies sollte Ihren Vierbeiner dazu motivieren, zu Ihnen zu kommen.

Rufen Sie niemals das Rückrufwort/Signal „in den Rücken“ des Hundes. Das heißt, solange er Ihnen den Rücken zuwendet, wird das Wort/Signal nicht verwendet. Es wäre völlig vergebene Liebesmüh, da er mit etwas ganz anderem zu beschäftigt ist.

Hunde nehmen immer wieder ganz von alleine Kontakt zu uns auf. Leider nehmen zu wenige Halter Ihren Vierbeiner dann auch an, weil Sie es oftmals gar nicht mitbekommen – bedauerlicherweise ist häufig das Handy wichtiger. Hunde in einer harmonischen Gruppe kommunizieren ständig miteinander, worauf die anderen vierbeinigen Gruppenmitglieder auch sofort reagieren. Dieses angeborene Verhalten kann man sich ganz einfach vor allem beim Rückruf-Training zunutze machen, man muss nur auf seinen Hund achten.

Lernzielkontrolle

Beurteilen Sie die Fortschritte während des Trainings bitte objektiv.

Woche	Aufgabe	Klappt die Trainingseinheit zuverlässig? Ja	Nein
1	*Ihr Hund reagiert auf Distanz auf das Verbotswort.*		
2	*Ihr Hund blickt sich um, wenn Sie das Verbotswort einsetzen.*		
3	*Ihr Hund blickt Sie an, auch wenn Sie das Verbotswort nicht einsetzen.*		
4	*Ihr Hund reagiert auf das Rückrufwort und kommt zur Touchhand.*		
4	*Ihr Hund kommt sofort, wenn Sie das Rückrufwort einsetzen.*		

Wenn es nicht klappen will

Versuchen Sie es mit einem „neuen“ Rückrufwort. Es kann vorkommen, dass man ein bestimmtes Wort beim Training unbewusst inflationiert. Mir erging es bei Honey so mit dem Kommando „Bleib“. Dieses Kommando hat am Anfang des Trainings nicht wirklich funktioniert und ich habe den Fehler gemacht, es viel zu oft zu üben. Im Training wurde das Wort „Bleib“ durch „Stay“ ersetzt. Die Übungen weniger häufig und kürzer gehalten und schon funktionierte es.

MITeinander im Alltag

MITeinander auf Straßen und Wegen

Egal, ob an der Leine oder im Freilauf, der Alltag läuft harmonischer und stressfreier ab, wenn sich der Halter auf den Hund und dieser auf seinen Menschen verlassen kann.

MITeinander aufeinander achten

„Es ist ein schöner sonniger Tag und ich gehe durch Oberammergau. Die Läden haben die Warenständer nach draußen gefahren. Eine junge Frau beschäftigt sich intensiv mit dem Angebot. Ihr an einer Rollleine befestigter Dalmatiner hat die ganze Leine ausgezogen und steht mitten auf der Straße …"

Geht nicht, No-Go – diese Ignoranz ist nicht nur eine Gefährdung des Hundes, sondern auch anderer Menschen und Hunde. Fußgänger werden durch die Leine behindert, im schlimmsten Fall könnten sich andere Vierbeiner, samt Dalmatiner, in der Leine verheddern. Wenn man einen Schaufensterbummel unternehmen möchte, muss man trotzdem ein Auge beim Tier haben oder lässt es zu Hause.

Gegenseitige Rücksichtnahme

Gehwege sind in der Regel sehr schmal. Im Ortsgebiet sind meine Hunde selbstverständlich immer an der Leine. Auf dem Bürgersteig führe ich sie auf der von der Straße abgewandten Seite. Alle drei „kleben", also orientieren sich an der angebotenen, locker herabhängenden Touchhand oder gehen nebeneinander vor mir, ohne ständig die Seiten zu wechseln.

Leider begegnen mir immer wieder Halter, die ihre Hunde auf Gehwegen frei auf meine angeleinten Hunde zulaufen lassen, oder ganz besondere Künstler, die es fertigbringen, frontal mit dem ebenfalls angeleinten Hund auf mich zuzugehen, von weitem schon blöken: „Darf meiner mal der Lassie Hallo sagen?"

Nein, darf er nicht. Ich werde nicht das Risiko eingehen, dass sich im dümmsten Falle mindestens vier Hunde in vier Leinen verwickeln. Solch ein Verhalten ist nicht nur meinen Hunden gegenüber rücksichtslos, sondern auch dem anderen. Man lässt den Hund weder an der Leine noch im Freilauf unaufgefordert zu fremden Hunden oder Menschen rennen.

Manchmal bin ich schon erstaunt, wie manche Hund-Mensch-Teams im Alltag unterwegs sind. Der respektlose Hund zieht sein Frauchen hinterher oder Frauchen zieht den Hund hinter sich her. Treppen werden zu fast unüberwindlichen Hindernissen usw. – ganz besonders „spannend" wird es, wenn ich Leute mit mehreren Hunden an Treppen sehe. **Wer** kommt unten gesund an?

Rüdiger hat wie viele Hunde großes Interesse an sich bewegenden Menschen oder Tieren. Mit dem Handtouch- und Blickkontakt-Training hat Frauchen ihn jetzt gut unter Kontrolle.

Unfallgefahr: Die Leine hat sich um die Beine gewickelt und die Hunde sind nicht auf den Halter konzentriert Dies kann zu kritischen, ja sogar gefährlichen Situationen führen.

Sicher durch die Stadt

Gegenseitige Rücksichtnahme erleichtert das Zusammenleben in allen Bereichen. Dazu gehört, dass ein Hund lernt, sich am Halter zu orientieren. So kann er auch zuverlässig geführt werden.

Der Trainingsplan

Eine sichere Straßenüberquerung sowie eine gefahrlose Treppenüberwindung stellen die Basics in der Stadt dar. Ziel dieses Trainingsplans ist, dass Ihr Hund zum einen an der Straße von alleine, ohne Aufforderung stehen bleibt und Blickkontakt mit Ihnen aufnimmt. Zum anderen soll er an Treppen sowohl die erste sowie die letzte Stufe mit den Vorderpfoten anzeigen und stehen bleiben als auch in Ihrer Geschwindigkeit die Stufen hinauf- und hinablaufen.

1. Woche

ÜBUNGSSCHWERPUNKT: *Auf Straßen, Wegen und Treppen.*

Straßen und Wege: Gehen Sie mit Ihrem angeleinten Hund zum Bordstein – dieser soll zu einer Grenze werden. Bleiben Sie stehen und zeigen Sie diesen dem Vierbeiner. Belohnen Sie ihn, wenn er den Bordstein untersucht. Wiederholen Sie alles mindestens dreimal und gehen erst dann über die Straße.

Ihr Vierbeiner **nimmt** den Bordstein oder andere Bodenverhältnisse **wahr**. Er wird lernen, dass hier eine optische Grenze ist, die er akzeptieren muss. Könnte ein Hund dies nicht lernen, gäbe es keine Blindenführhunde, die an Bordsteinen **zuverlässig** stehen bleiben **müssen**.

Treppen nach oben: Laufen Sie mit Ihrem angeleinten Hund auf eine Treppe zu. Leiten Sie ihn mit der Touchhand so weit vor, dass nur seine Vorderpfoten auf der ersten Stufe sind, setzen Sie mit der Touchhand eine Grenze, die er nicht überschreiten soll. Belohnen Sie diese Position.

Gehen Sie die Treppe langsam nach oben. Ihr Vierbeiner sollte die Geschwindigkeit einhalten, die Sie vorgeben. Belohnen Sie, wenn es sich um eine kurze Treppe handelt, jede Stufe, die der Hund beachtet. Handelt es sich um eine längere, belohnen Sie wenigstens jede zweite Stufe. Am Anfang brauchen wir wie bei jedem Training die Belohnung.

Ihr Hund wird sich die Position, also Vorderpfoten auf die Stufe, merken. Es lohnt sich für ihn, kurz in dieser Position zu verbleiben. Im Prinzip das gleiche Lernvorgehen wie bei „Sitz“ oder „Platz“; auch da lernt der Hund, dass es sich lohnt, eine bestimmte Position einzunehmen.

Treppen nach unten: Der Hund zeigt die erste Stufe an, indem er davor stehen bleibt und idealerweise mit Ihnen Blickkontakt aufnimmt. Die Pfoten müssen **nicht** nach unten auf die nächste Stufe. Belohnen Sie das Stehenbleiben und gehen Sie langsam, jede oder jede zweite Stufe belohnend, mit dem Hund nach unten.

2. Woche

ÜBUNGSSCHWERPUNKT: *An der Leine in der Stadt.*

Straßen und Wege: In dieser Woche helfen wir dem Hund weiterhin, die optische Grenze „Bordstein“ zu verinnerlichen. Belohnen Sie noch immer fleißig, wenn der Hund den Bordstein untersucht und damit wahrnimmt.

Treppen nach oben und nach unten: Noch wird ebenfalls so weit möglich jede bzw. jede zweite Stufe belohnt. So soll der Hund lernen, dass er auf Treppen Ihre Geschwindigkeit einhalten soll und nicht vorprescht oder hinterherhängt.

Es gibt Halter, die ihre Hunde auf Treppen hinter sich führen. Meine Vierbeiner habe ich lieber neben mir, gerade auf Treppen, so habe ich diese einfach besser unter Kontrolle.

So soll es sein: Honey und Onyx nehmen Blickkontakt mit ihrem Menschen auf und halten die Grenze ein, die die Touchhand vorgibt. Beide Hunde stehen ruhig neben ihrem Frauchen.

Sie setzen weiterhin die Touchhand ein, um den Hund in die Position zu führen, in der Sie ihn haben möchten und ihm die Grenze zu vermitteln, die er nicht überschreiten soll.

Der Trick gegen Langeweile: Machen Sie aus diesen Übungen doch ein „Rally-Obedience-Training". Training wird zu einem Spiel, wenn man das Wort „Training" einfach anders definiert. Freizeitsportler absolvieren ihr Training ja auch wegen der Freude daran.

Stellen Sie sich einfach vor, die Stadt, die Straße mit allen ihren Hindernissen und Hinweisen ist ein großer Rally-Obedience-Parcour. An jedem „Posten", also einem Schild, der Straße oder auf der Treppe, muss der Hund eine bestimmte Aufgabe bewerkstelligen. Und schon sind Sie im „Hunde-Freizeitsport" und nicht mehr im Training.

Honey und Onyx stehen an dem Treppenaufgang mit den Vorderpfoten auf der ersten Stufe, nehmen Blickkontakt auf und gehen dann in angepasster Geschwindigkeit die Treppe hoch.

3. Woche

ÜBUNGSSCHWERPUNKT: *Hindernisse schneller überwinden.*

Straßen und Wege: Nun soll es langsam flotter gehen. Ihr Hund guckt schon von alleine zu Boden, wenn sich die Optik bzw. die Struktur des Weges oder der Straße ändern. Belohnen Sie dies mit etwas ganz Tollem. Und gehen Sie zügiger über die Straße als bisher. Der Hund soll sein Tempo nur noch verlangsamen, nicht mehr zwingend stehen bleiben, jedoch auf jeden Fall einen kurzen Blickkontakt mit Ihnen aufnehmen.

Treppen nach oben und nach unten: Treppen laufen Sie jetzt auch schon zügiger. Es wird nicht mehr jede/jede zweite Stufe belohnt; jedoch immer noch die erste Stufe nach oben, wenn Ihr Vierbeiner sauber die Vorderpfoten aufsetzt und die erste Stufe nach unten, wenn er diese zuverlässig durch ein Stehenbleiben anzeigt. Auch bei den Treppen ist es nun nicht mehr erforderlich, dass der Hund stehen bleibt. Ein Verlangsamen des Tempos und ein kurzer Blickkontakt sollten genügen. Die Führung über die Touchhand wird ebenfalls langsam abgebaut.

4. Woche

ÜBUNGSSCHWERPUNKT: *Generalisierung abschließen.*

Straßen und Wege: Als Team sollten Sie so weit sein, dass der Hund am Bordstein ganz von alleine kurz stoppt, Blickkontakt mit Ihnen aufnimmt und dann zügig mit über die Straße läuft. Wiederholen Sie die Woche 3, falls es noch nicht zuverlässig funktioniert.

Egal, ob Bordsteine oder Treppenabgänge, Honey und Onyx orientieren sich an diesen Stellen immer an der leeren Hand.

Treppen nach oben und nach unten: Ihr Hund postiert nun verlässlich die Vorderpfoten auf der ersten Treppenstufe. Diese Position wird jetzt nur noch ganz kurzgehalten, ein knapper Blickkontakt vom Hund und es geht zügig, in Ihrer Geschwindigkeit, die Treppe nach oben.

Ihr Vierbeiner hat gelernt, vor der ersten Stufe nach unten kurz stehen zu bleiben, auch wieder Blickkontakt aufzunehmen und dann in Ihrer Geschwindigkeit die Treppe mit Ihnen nach unten zu gehen.

Der Trick gegen Langeweile: Weil es ja jetzt schon alles gut klappt, machen Sie doch wieder ein „Rally-Obedience"-Training daraus. Vor allem die Treppenübungen eigenen sich hervorragend dafür.

Führen Sie den Hund in die Fußposition. Nun laufen Sie die Treppe mit Ihrem Vierbeiner zwei-, dreimal hinauf und hinunter, wechseln Sie dabei die Geschwindigkeiten: Gehen Sie hinauf etwas schneller, hinunter wieder langsamer. Der Hund bleibt schön in der Fußposition und passt sich Ihrer Geschwindigkeit an. Das ist ebenfalls ein prima Training in der Vorbereitung zur Begleithundeprüfung.

Lernzielkontrolle

Beurteilen Sie die Fortschritte während des Trainings bitte objektiv.

Woche	Aufgabe	Klappt die Trainingseinheit zuverlässig? Ja	Nein
1	*Ihr Hund untersucht den Bordstein aufmerksam.*		
1	*Ihr Hund setzt die Vorderpfoten auf die erste Stufe einer Treppe.*		
1	*Ihr Hund bleibt an der ersten Stufe nach unten stehen.*		
2	*Ihr Hund schaut kurz auf den Boden, nimmt den Bordstein wahr.*		
3 & 4	*Ihr Hund geht mit Ihnen in Ihrer Geschwindigkeit über die Straße.*		
bis 4	*Ihr Hund geht in Ihrer Geschwindigkeit Treppen hinauf und hinunter.*		

Wenn es nicht klappen will

Starten Sie mit dem Hund nochmals das Training „die Hand als Grenze etablieren" (siehe Seite 12).

Gegebenenfalls müssen Sie die Trainingswoche 1 wiederholen.

Impulskontrolle bei Futter

Leider nehmen die Warnungen vor Giftködern, vor allem an beliebten Gassirunden in Städten und Parks, immer mehr zu. Umso wichtiger ist, dass der Hund nichts ungefragt vom Boden aufnimmt.

Vertrauen ist alles

„Der Hund muss lernen, dass du ihm die Futterschüssel wegnehmen kannst ..."
Nein, das muss er **nicht** lernen!

Stellen Sie sich folgende Situation vor: Sie sind mit Ihrem Partner in einer Pizzeria. Sie freuen sich auf die leckere Pizza, die Ihnen gerade serviert wird, und beginnen zu essen. Ihr Partner zieht Ihnen jedoch immer wieder den Teller weg und bestimmt, wann Sie weiteressen dürfen. Ich denke, dass Sie spätestens beim dritten Mal sauer werden und entweder den Teller festhalten oder anfangen, Ihrem Partner zu drohen. Wenn Sie zukünftig wieder mit ihm Essen gehen, werden Sie von vorneherein misstrauisch sein, denn: Steht Ihre Pizza auf dem Tisch, gehört diese Ihnen. Warum bitte soll dieser Grundsatz nicht auch für den Hund gelten?

Wir haben eine feste Regel: Berührt der Napf den Boden, **gehört** dieser dem **Hund** – ohne Wenn und Aber. Dieses völlig sinnfreie „Fressnapf-wegnehmen" zerstört nur das Vertrauen des Hundes zu seinem Menschen. Irgendwann verliert der gutmütigste Vierbeiner die Nerven und geht in den Verteidigungsmodus.

Ein weiteres unerwünschtes Resultat des „Fressnapf-wegnehmens" tritt dann draußen auf. Findet der Hund etwas Fressbares, wird er sehr schnell damit das Weite suchen und/oder staubsaugerartig das Gefundene verschlingen.

Handfütterung

Um vertrauensvoll etwas abzugeben, muss der Hund vorher lernen, dass für ihn nichts verloren geht. Dafür nutze ich die Handfütterung. Futtert Ihr Hund entspannt, während Sie den Napf in der Hand haben, ist das Vertrauensverhältnis gesund. Wagt er sich nicht an den Napf, solange Sie diesen in der Hand haben, hat er Stress während dem Fressen oder droht er Ihnen ggf. sogar, sollten Sie das Vertrauen des Hundes zu Ihnen überdenken und daran arbeiten, dieses zu stärken.

Kommt ein neuer Hund zu uns, füttere ich diesen mindestens sechs Monate ausschließlich aus der Hand. Trockenfutter kommt mit zum Spaziergang, Nassfutter oder Rohfleisch kommt in den Napf, den ich dem Hund dann hinhalte. Der Hund muss fressen dürfen, bis der Napf leer ist. Auch ein sogenanntes Kauteilchen bleibt vorerst in meiner Hand, während der Hund daran knabbert. Die Handfütterung als vertrauensbildende Maßnahme ist selbstverständlich auch für langjährige Hund-Mensch-Teams empfehlenswert.

Gustl hat etwas für ihn Interessantes und Wohlriechendes gefunden. Leider liegen inzwischen immer öfter Essensreste, im schlimmsten Fall Giftköder, auf Wiesen, im Wald und auf Wegen.

Der Trainingsplan

Basis des Futterverweigerung-Trainings ist unser positiv belegtes Verbotswort, welches wir im Laufe des Trainings immer öfter weglassen.

1. Woche

ÜBUNGSSCHWERPUNKT: *Erste Schritte zur Futterverweigerung.*

Platzieren Sie oder eine Hilfsperson draußen an einer oder zwei Ihnen **bekannten** Stellen Futter, der Abstand zwischen den beiden Ködern sollte nicht zu groß sein. Verwenden Sie bitte nicht zu unwiderstehliche Leckereien wie Wurst oder Käse, noch soll der Hund bei Ihnen den für ihn größten Erfolg haben.

Laufen Sie die noch kurze Strecke, an der die Köder liegen, mit Ihrem Hund ab. Da Sie wissen, wo diese abgelegt wurden, können Sie mit dem Verbotswort präventiv eingreifen. Sobald Ihr Hund aufgrund des Verbotes Blickkontakt zu Ihnen aufnimmt (siehe Blickkontakt-Training, Seite 19), bekommt er eine für ihn wirklich tolle Belohnung.

Auf Hörzeichen „Nein" (das Verbotswort) wendet sich Gustl sofort um. Ist dies positiv aufgebaut, wird es vom Hund gerne und schnell ausgeführt.

Behalten Sie diese kurzen Strecken bitte über die ganze Woche bei. Und aufgepasst: Wenn Ihr Hund auch nur ein einziges Mal Erfolg hat, sich die Nascherei vom Boden zu nehmen, müssen Sie von vorne beginnen! Nach dem Training sammeln Sie die Leckereien bitte wieder ein.

2. Woche

ÜBUNGSSCHWERPUNKT: *Futterverweigerung weiter aufbauen.*

Reagiert Ihr Hund zuverlässig auf das präventiv angewendete Verbotswort, sollte er auch gelernt haben, erst mit Ihnen Kontakt aufzunehmen, wenn er etwas gefunden hat. Klappt das, können Sie mit Stufe 2 starten: Bitten Sie eine Hilfsperson, an ein bis zwei Stellen, die Sie diesmal **nicht** kennen, Futter auszulegen. Noch handelt es sich um nicht zu schmackhaftes Naschwerk. Wieder sollte die Strecke kurz sein, die Sie dann ablaufen müssen.

Ich gehe davon aus, dass Sie Ihren Hund gut kennen, seine Körpersprache verstehen und somit lesen können, wenn er etwas ganz besonders interessant findet. Dann stehen die Chancen gut, dass Sie schneller sind als Hundis Finderglück.

Gehen Sie die Strecke ab. Beobachten Sie Ihren Hund und sobald Ihnen auffällt, dass er intensiver schnüffelt, setzen Sie das Verbotswort ein. Belohnen Sie ihn, wenn er sofort Blickkontakt mit Ihnen aufnimmt.

Der Trick gegen Langeweile: Jetzt kommt unser Teeei wieder zum Einsatz. Basis ist die „Schatzsuche", bei der der Hund lernt, an der Stelle zu warten, an der das Teeei liegt (siehe Seite 50). Nun üben wir das Anzeigen im „Platz".

Zeigen Sie Ihrem Vierbeiner das Teeei. Legen Sie dieses auf den Boden und warten Sie, bis sich der Hund vor dem Teeei ablegt. Haben Sie Geduld, der Hund wird es tun, auch wenn es bei manchen etwas länger dauert. Liegt der Hund sauber vor dem Teeei, bekommt er selbstverständlich seine Party.

3. Woche

ÜBUNGSSCHWERPUNKT: *Es wird schwieriger.*

Die Hilfsperson legt an mehreren Stellen, die Sie **nicht** kennen, „Köder" für den Hund aus. Jetzt sollten schon verlockende Wurststücke dabei sein. Darin sind die meisten Gifte versteckt. Auch ist nun die „Köder"-Strecke länger als in Woche 1 und 2.

Sind Sie sich nicht sicher, ob Ihr vierbeiniger Freund dem ausgelegten Futter wirklich 100%ig widerstehen kann, verwenden Sie ein Schraubglas mit Löchern im Deckel. Sammeln Sie alle Gläser aber bitte am Ende der Übung wieder ein. Vor allem im trockenen Unterholz können diese durch Sonneneinstrahlung einen Brand auslösen.

Auch die Touchhand ist bei Gustl generalisiert. Die seitlich ausgestreckte Hand zieht ihn an wie ein Magnet.

Laufen Sie los, haben Sie auf der gesamten Strecke immer ein Auge auf Ihren Hund. Das Verbotswort wird nur noch im absoluten Notfall verwendet, sollte möglichst jedoch nicht mehr zum Einsatz kommen. Denn bei konsequentem Training müsste Ihr Hund nun so weit sein, dass er auf alles, was er als verboten verknüpft hat, mit einem sofortigen Blickkontakt reagiert.

4. Woche

ÜBUNGSSCHWERPUNKT: *Verweigerung generalisieren.*

Das Verbotswort fällt jetzt endgültig weg, denn in der Regel riecht der Hund den Köder lange bevor wir diesen sehen. Aus diesem Grund ist das Impulskontroll-Training so wichtig (siehe Impulskontrolle versus Verbote, Seite 45).

Von nun an sollten die von einer Hilfsperson ausgelegten Köder in einen normalen Spaziergang eingebettet werden. Idealerweise kennen Sie die Stellen nicht, um testen zu können, ob Ihr Hund das Training wirklich verstanden hat.

Vertrauen Sie dem Hund noch nicht so wirklich, verwenden Sie vereinzelt noch die präparierten Gläser. Reagiert der Hund bei Fund mit Blickkontakt, startet die Belohnungsparty.

Zuverlässig kommt Gustl zur Hand, ohne dass Frauchen mehrmals rufen muss. Natürlich wird er für die gewünschte Reaktion sofort belohnt.

Lernzielkontrolle

Beurteilen Sie die Fortschritte während des Trainings bitte objektiv.

Woche	Aufgabe	Klappt die Trainingseinheit zuverlässig? Ja	 Nein
1	*Ihr Hund reagiert zuverlässig auf das Verbotswort.*		
2	*Ihr Hund ignoriert den Köder und nimmt nach dem Verbotswort Kontakt auf.*		
3	*Ihr Hund nimmt von alleine Blickkontakt auf, wenn er etwas findet.*		
3	*Ihr Hund ignoriert den Köder auch ohne Verbotswort.*		
4	*Ihr Hund nimmt den Köder nicht auf, sondern zeigt ihn an.*		

Wenn es nicht klappen will

Prüfen Sie, ob der Hund das Verbotswort wirklich verstanden hat und mit Blickkontakt darauf reagiert (Übung Blickkontakt-Training, Seite 19).

Die Dauer dieses Trainings kann auch rassebedingt länger dauern. Arbeiten Sie jedoch gerade in Rahmen des Giftköder-Trainings über die Maße gewissenhaft. Es kann Ihrem vierbeinigen Freund das Leben retten. Also lieber einen Wochenblock wiederholen, als zu schnell vorzugehen.

Wie wichtig das Training sein kann, hat mein Collie-Rüde am eigenen Leib „erfahren“. Es gibt Rattengift, welches den Geruch von Himbeeren hat – er liebt diese Früchte, erntet die zu Hause im Garten sogar selbst. Obwohl das von ihm gefundene Rattengift besonders stark nach Himbeeren roch, hat er es nicht gefressen, sondern angezeigt.

MITeinander in Wald, Feld und Flur

Zweck des Trainings an der Leine muss immer das Ziel „kontrollierter Freilauf“ für den Hund sein. Ein Leben immer an der Leine ist für keinen Hund erstrebenswert.

MITeinander, nicht nebenher

Während unserer Spaziergänge gönne ich meinen Hunden weitergehend Freilauf, wenn es das Umfeld zulässt. Ich weiß, meine Hunde achten auf mich, allem voran **achte ich** auf sie. Ich habe kein Handy in der Hand, ich telefoniere nicht und schreibe auch keine Nachrichten in sozialen Netzwerken, deren Beantwortung nach dem Gassi in der Regel völlig ausreicht. Auf dem Spaziergang ist der Hund am wichtigsten.

Die Spaziergänge gehören meinen Hunden. Es sind die 2–3 Stunden pro Tag, in denen ich mich ohne jegliche Ablenkung mit meinen Hunden befasse. Wir absolvieren ganz kurze Unterordnungsübungen, wir laufen gemeinsam über eine Wiese, machen kleine Tricks oder Dog Dance-Einheiten. So erhalte ich bei meinen Hunden immer eine gewisse Erwartungshaltung, wodurch sie immer wieder von alleine mit mir Kontakt aufnehmen.

Allem voran jedoch gönne ich meinen Hunden so viel Schnüffelzeit wie möglich. Mein Collie-Senior braucht inzwischen einfach länger, bis Gerüche im „Kopf ankommen“. Honey darf auch mal nach einer Maus suchen und der Sheltie-Mann ist ausgiebig mit Markierungen beschäftigt.

Gegenseitige Achtsamkeit

Mein Collie-Opi ist nicht mehr so gut auf den Beinen, Arthrosen machen ihm zu schaffen, solange er sein Tempo laufen kann, hat er auch keine Schmerzen. Leider gibt es jedoch rücksichts- und respektlose Menschen, die ihre Hunde nicht unter Kontrolle haben. Da rennt der Junghund auf meinen Collie-Opi zu, rumpelt ihn „spielerisch“ seitlich an. Ja und dann kommen sie, die unumgänglichen, ausgeleierten Floskeln: „Der will nur spielen ...“ oder „Der will nur Hallo sagen ...“

Mein Collie-Opi will **nicht** mehr spielen und er legt inzwischen auch keinen Wert mehr darauf, dass ihm entfesselte Fiffis Hallo sagen. Wir sind doch alle Hundehalter, haben alle das gleiche Ziel: Ein harmonisches MITeinander mit dem eigenen Hund, mit anderen Hunden und mit anderen Haltern. Es ist ein Zeichen des Respektes, auch die Bedürfnisse oder eben Bedürfnislosigkeiten anderer zu akzeptieren.

Seid einfach ein bisschen achtsamer: Nicht jeder Hund, nicht jeder Halter legt Wert darauf, täglich „neue Freunde“ zu finden.

Metchley hat den Rassestandard des Collies nicht richtig gelesen: Er zeigte ausgeprägtes Jagdverhalten statt Hütetrieb. Das Schleppleinen-Training hat uns sehr geholfen.

Sicher zum Freilauf

Dreh- und Angelpunkt eines kontrollierten Freilaufes ist Distanzkontrolle und ein absolut sicher funktionierender Rückruf. Hier kommt Ihnen das Schleppleinen-Training zugute.

An erster Stelle steht immer die Sicherheit und Unversehrtheit anderer Hunde, Menschen und der Wildtiere. Ärgerlicherweise gibt es noch immer Halter, die ihre nicht trainierten, nicht zuverlässigen Hunde frei laufen lassen. Diese unbelehrbaren Halter gefährden nicht nur andere, es scheint diesen auch gleichgültig zu sein, dass sie den eigenen Hund in Gefahr bringen.

Möchten Sie mit Ihrem Vierbeiner den sicheren Freilauf üben, kann Ihnen hierbei die Schleppleine helfen. Schleppleinen-Training heißt jedoch nicht, dass Sie Ihren Hund an einer langen Leine befestigen, die er dann hinter sich her „schleppt“. Gerade an der Schleppleine muss man mit dem Hund in Kontakt bleiben, er soll ja lernen, eine gewisse Distanz einzuhalten (siehe auch Training ab Seite 48).

Der Trainingsplan

Bitte fangen Sie nicht mit einer 10-m-Leine an. Erstens wäre eine solche Distanz, die der Hund dann zur Verfügung hätte, viel zu weit, um ein strukturiertes Training zu gestalten. Des Weiteren wird eine so lange Leine auf Dauer sehr unhandlich. Empfehlenswert ist eine sieben Meter lange Schleppleine aus einem leicht zu reinigenden Material **ohne** Schlaufe, Ösen, Ringe und Knoten. Knoten am Ende der Schleppleine können Finger amputieren.

Braucht Ihr Hund keine Schleppleine, nutzen wir im folgenden Training die Eigenmotivation des Hundes zur Kontaktaufnahme.

Gustl sagt gerne mal zu allen Menschen und Hunden „Hallo". Nicht immer ist dies erwünscht. Bei Menschen, die Angst vor Hunden haben, können unschöne Szenen entstehen.

1. Woche

ÜBUNGSSCHWERPUNKT: *Distanzen und Rückruf aufbauen.*

Mit Schleppleine: Sie behalten das Ende der Schleppleine in der Hand. Kurz bevor Ihr Vierbeiner die gesamten sieben Meter „ausnutzt", setzen Sie ihr Rückrufwort oder -signal ein und bieten dem Hund gleichzeitig die geöffnete Touchhand, seinen Magneten, an.

Verwenden Sie bitte **nicht** nur den Namen des Hundes. Wählen Sie ein kurzes Wort, welches Sie schnell und im Notfall auch mal „scharf" aussprechen können. Ich verwende das weit verbreitete „Hier". Kommt der Hund artig heran, ist Party angesagt!

Lernziel ist, dem Hund zu vermitteln, dass es sich lohnt, wenn er nach einer von Ihnen (in diesem Fall Schleppleinenlänge) festgesetzten Distanz Kontakt zu Ihnen aufnimmt. Hunde können Distanzen lernen und halten diese dann auch ein.

Auch in dieser Situation reagiert Gustl sofort auf das Verbot und wendet sich seinem Frauchen zu.

Ohne Schleppleine: Achten Sie einmal darauf, wie oft Ihr Hund von alleine mit Ihnen Kontakt aufnimmt. Hunde tun dies von alleine immer wieder, leider wird das von vielen Haltern aber meist nicht wahrgenommen und so die Chance vertan, den Hund dann sofort „annehmen“ zu können. Wir nutzen ab sofort diese Momente zum Aufbau des Rückrufwortes.

Blickt Ihr Vierbeiner zu Ihnen zurück oder wendet sich sogar kurz um, ergreifen wir diese Gelegenheit und rufen den Hund zu uns. Bieten Sie ihrem vierbeinigen Freund gleichzeitig die Touchhand an. Großes Fest für den Hund, wenn er zu Ihnen kommt!

Sie verwenden bitte **nicht** den Namen des Hundes als Rückrufsignal. Es besteht die Gefahr einer Inflationierung des Namens. Darüber hinaus lernt der Hund nicht, was er tun soll.

Wie bereits einmal erwähnt, rufen Sie zudem das Rückrufwort nicht „in den Rücken“ des Hundes, wenn er mit etwas anderem beschäftigt ist, z. B. intensives Schnüffeln. In diesem Moment wird dem Hund Ihr Rückrufsignal reichlich schnuppe sein. In solchen Situationen immer wieder das Wort zu rufen ist hochgradig kontraproduktiv.

2. Woche

ÜBUNGSSCHWERPUNKT: *Distanzen und Rückruf absichern.*

Mit Schleppleine: Analysieren Sie den Lernfortschritt Ihres Hundes. Beginnt Ihr Hund sich schon von alleine, nach den sieben Metern umzuwenden, reagieren Sie sofort und setzen Ihr Rückrufwort oder -signal ein. Ihr Hund hat anscheinend verstanden, dass diese Distanz seine Grenze ist. Bieten Sie zusätzlich auch immer die Touchhand an.

Hat Ihr Hund noch nicht verstanden, wo seine Grenzlinie ist, bleiben Sie bitte noch beim Training der ersten Woche.

Ohne Schleppleine: Sie legen für sich und den Hund eine individuelle Distanz fest. Fängt Ihr Hund an, die Distanz anzunehmen, rufen Sie den Hund auch schon mal zurück, wenn er sich nicht von alleine umwendet. Die Touchhand wird natürlich zusätzlich angeboten.

Hat Ihr Hund noch nicht verstanden, wo seine Grenzlinie ist, bleiben Sie bitte noch beim Training der ersten Woche.

Der Trick gegen Langeweile: Etablieren Sie auf Ihren Spaziergängen „Aktions-Posten“, die Sie immer wieder anlaufen. Überall findet man z. B. große Steine oder Baumstümpfe von abgesägten Bäumen. Alles, was nicht zu hoch ist, ist geeignet.

Die erste Aufgabe für den Hund ist, die Vorderpfoten auf einem großen Stein oder dem Baumstumpf zu postieren. Dirigieren Sie ihn mit der Touchhand in die gewünschte Position, also nur so weit nach vorne/oben, dass die Vorderpfoten auf dem Stein/Baumstumpf sind. Ihr Hund wird sich den Posten und die Position merken, dort immer wieder die sich lohnende Position einnehmen und seine Belohnung einfordern, die er dann auch bekommt.

Schon in größerer Distanz zu Menschen oder Hunden wird Gustl auf eine Seite gelotst, auf der er dann auch bleiben soll.

3. Woche

ÜBUNGSSCHWERPUNKT: *Distanzen und Rückruf festigen.*

Mit Schleppleine: Allem anderen voran ist beim Distanz- und Rückruf-Training Eile und zu schnelles Vorgehen hinderlich. Schaffen Sie sich hier eine wirklich gute Basis, dann ersparen Sie sich viel Zeit und unnötiges Korrekturtraining. Üben Sie darum weiter wie in Woche 2 beschrieben.

Zum Ende dieser Woche sollte Ihr Hund seine Distanz jedoch schon ganz gut gelernt haben und diese einhalten. Rufen Sie Ihren Vierbeiner nun nicht immer wieder zu sich zurück. Er soll künftig Hund-gerechten Freilauf genießen, das heißt, er soll schnüffeln dürfen, mal ein Loch graben und auch über eine Wiese sausen dürfen.

Loben Sie den Hund getrost aus der Distanz, wenn er seine Grenzen einhält. Kommt er vielleicht sogar von alleine, wird er selbstverständlich dafür belohnt.

Ohne Schleppleine: Sie trainieren wie in „Mit Schleppleine" beschrieben, nur ohne Leine.

Der Trick gegen Langeweile: Ein weiterer „Aktions-Posten" kann alles auf dem Boden sein, das sich vom „normalen" Belag abhebt. Wunderbar dafür geeignet sind z. B. ein Gullydeckel auf dem Gehweg oder eine Stelle, die anders gepflastert ist.

Gullydeckel? Ja, das sind wunderbare „Aktions-Posten". Wir „funktionieren" diesen einfach zu einem „Tisch" um, den man ja auch in Agility-Parcours findet. Aufgaben auf dem Gullydeckel können sein: Sitz, Steh, Platz.

So soll es sein: Gustl bleibt brav auf der ihm zugewiesenen Seite, während die Menschen, der „Reiz", ungestört vorbeilaufen können.

4. Woche

ÜBUNGSSCHWERPUNKT: *Distanzen und Rückruf generalisieren.*

Mit Schleppleine: Üben Sie nun in einem Umfeld weiter, in dem die Ablenkung durch Wild und andere Hunde nicht zu groß ist. Jetzt lassen Sie die Schleppleine zwischendurch mal fallen. Bitte beurteilen Sie dabei den Ausbildungsstand Ihres Hundes ehrlich objektiv. Sollte Ihr Vierbeiner auch nur einmal zu einem Abenteuer verschwinden können, müssen Sie von vorne anfangen. Sind Sie unsicher, trainieren Sie lieber wie in Woche 3 beschrieben weiter.

Rufen Sie den Hund immer mal wieder zu sich ran, selbstverständlich jedoch nicht im Minutenabstand. Passen Sie einen Augenblick ab, in dem der Hund anfängt, sich mit etwas zu intensiv zu beschäftigen. Achten Sie dabei auf seine Körpersprache, gehen die Ohren nach vorne, die Rute nach oben, der Kopf erhoben. Das sind Zeichen, dass Wuffi gerade etwas sehr Interessantes entdeckt hat. In diesem Moment, also **bevor** sich der Hund noch weiter entfernt oder sogar durchbrennt, rufen Sie ihn heran. Kommt er brav, startet wieder eine Fete.

Ohne Schleppleine: Sie trainieren wie in „Mit Schleppleine" beschrieben, nur ohne Leine.

Der Trick gegen Langeweile: Um das Zurückkommen zu Ihnen spielerisch zu stabilisieren, spielen wir „rund um den Baum" oder „rund um den Busch".

Helfen Sie Ihrem Vierbeiner am Anfang mit der Touchhand. Leiten Sie ihn um einen Baum oder Pfosten herum. Bei uns heißt rechts herum „außen", nach links herum „round". Verwenden Sie bitte Wörter, die Sie sich gut merken können und die Ihnen leicht von den Lippen gehen. Es funktioniert mit „rechts" und „links" genauso gut.

Haben Sie den Eindruck, Ihr Hund hat verstanden, um was es geht, vergrößern Sie die Distanz, schicken den Hund also weiter von sich weg. Um sein Leckerchen zu bekommen, muss er ja immer wieder zu Ihnen zurückkommen.

Lernzielkontrolle der wöchentlichen Trainingseinheiten

Beurteilen Sie die Fortschritte während des Trainings bitte objektiv.

Woche	Aufgabe	Klappt die Trainingseinheit zuverlässig? Ja	Nein
1	*Ihr Hund kommt zu Ihnen, wenn die Schleppleine zu Ende ist.*		
1	*Ihr Hund reagiert auf das Rückrufwort/ -signal.*		
2	*Ihr Hund nimmt Kontakt auf, bevor die Schleppleine zu Ende ist.*		
3	*Ihr Hund kommt auf Zuruf sofort zu Ihnen.*		
4	*Ihr Hund hat seine Distanz gelernt.*		

Wenn es nicht klappen will

Überdenken Sie, ob Sie das Rückrufwort eventuell inflationiert haben. Führen Sie ein neues Signal ein.

Bedenken Sie die Rasse spezifischen Eigenheiten Ihres Hundes. Bei einem Hund mit ausgeprägtem Jagdtrieb kann dieses Training länger dauern. In manchen Fällen ist auch ein lebenslanges Führen an der Schleppleine die einzige Möglichkeit, dem Vierbeiner einen gewissen Freiraum zu ermöglichen.

MITeinander zu Hause

Harmonie muss man sich erarbeiten. Genau wie bei zwischenmenschlichen Beziehungen muss auch die Beziehung zum vierbeinigen Freund gepflegt und auf Dauer angelegt werden.

MITeinander ohne Konflikte

Tassilo, Airedale Terrier, hat im Alter von zehn Monaten zu Hause die Kontrolle übernommen. Die Halter durften nicht mehr auf die Couch, die wurde knurrend verteidigt. Wenn Tassilo seine Mahlzeit zu sich nahm, mussten die Zweibeiner genug Abstand halten, sonst wurde geschnappt. Herrchen schlief im Wohnzimmer, da Tassilo das Bett neben Frauchen beanspruchte. Mit dem „Hergeben" hatte es Tassilo auch nicht, sein Motto lautete: „Hab ich es – gehört es mir …".

Es ist gewaltig etwas schiefgelaufen in dieser Beziehung. Als Baby war Tassilo ja so süß. Herrchen war ganz stolz, dass Tassilo im Welpenalter schon „weiß, was er will", das ist dann ein „richtiger Hund". Es gab nie klare Regeln. Eine konsequente Grundausbildung hat er nie bekommen, die Halter meinten, das wäre alles viel zu viel für den Kleinen. Wie es Tassilo heute geht, weiß ich leider nicht, die Halter haben das Training abgebrochen.

Ressourcenverteidigung

Ressourcenverteidigung, vor allem von Futter, fußt auf einem anderen Verhalten als beispielsweise die Verteidigung des Sofas. Ressourcen sind wichtiger Bestandteil des Überlebens und werden instinktiv gesichert. Hingegeben ist die Verteidigung von Gegenständen in der Regel durch widersprüchliche Aussagen und unklare Regeln anerzogen. Das Ausnutzen von Privilegien darf also nicht mit Ressourcenverteidigung „in einen Topf geworfen" werden.

Verteidigen hat aus psychologischer Sicht viel mit Vertrauen zu tun. Hat ein Sozialpartner Vertrauen zum anderen, ist eine Verteidigung nicht nötig. Man vertraut sich gegenseitig und weiß, der andere will nur das Beste.

Idealerweise wird schon dem Welpen vermittelt, Frauchen/Herrchen kann man immer Vertrauen. Essenziell dafür ist ein geradliniger, einheitlicher und gemeinschaftlicher Erziehungsweg. Das gilt sowohl für die Fütterung als auch für Privilegien wie Sofa, Bett oder Gegenstände.

Je nach Ausmaß des verlorenen Vertrauens kann der Vertrauensaufbau eine ganze Weile dauern. Ausschlaggebend sind folgende Fragen: Wie hat der Hund bisher gelebt? Wie wurde er bisher erzogen? Wie alt ist der Hund und welche Erfahrungen hat

Probleme im Haushalt entstehen häufig durch nicht klar festgesetzte Grenzen und/oder uneinheitliche Regeln. Sie sind, wie man so schön sagt, „hausgemacht".

er bisher gemacht? Je älter beispielsweise der Vierbeiner ist und je schlechter seine bisherigen Erfahrungen sind, desto mehr Zeit kann der Vertrauensaufbau unter Umständen in Anspruch nehmen. Das Training kann man in fast allen Fällen jedoch ähnlich gestalten.

Ich bin sehr froh, dass meine Hunde so großes Vertrauen zu mir haben. Mein Collie-Opi kommt mit den Kausnacks alleine nicht mehr gut zurecht. Durch seine Arthrose kann er die Teilchen nicht mehr mit den Pfoten festhalten. Mithilfe der Handfütterung hat er gelernt, es ist in Ordnung, wenn Frauchen den Snack festhält. So kann auch er abends sein „Betthupferl“ noch genießen, da er sich vertrauensvoll von mir helfen lässt.

Privilegien haben nichts mit Dominanz zu tun

Nicht nur der Fall, dass einem Vierbeiner wie Tassilo im Grunde alles erlaubt ist, das Gegenteil kommt auch häufig vor: Der Hund darf im Haushalt überhaupt nichts. Gemeinsame Aktivitäten gibt es nicht, der Hund wird überwiegend im Garten gehalten, nicht selten darf er nicht mal das Haus betreten.

Häufige Begründung ist: „Der wird nur dominant ...“. Es gibt Rassen, die solch ein Leben bevorzugen; Herdenschutzhunde z. B. sind nicht traurig, wenn sie alleine ihre Runden im Revier drehen. Bedauerlicherweise gibt es jedoch zahllose Hunde, die unter solch einer aufgezwungenen Lebensweise unendlich leiden.

Dominante Hunde sind souverän, handeln ruhig und zielgerichtet. Meine Sunny hat mich gelehrt, wie sich ein wirklich dominanter Hund verhält. Timmy, Staffordshire Terrier, damals acht Monate alt, hüpft wie ein Derwisch um Sunny herum. Sie steht einfach nur da, wie angewurzelt, felsenfest auf ihren vier Pfoten, ohne Knurren, ohne Ton, sie blickt Timmy einfach nur an. Es dauert keine Minute und Timmy liegt ruhig im Platz vor Sunny. Dominanz und Dreistigkeit werden leider oft verwechselt. Ein Hund, der den Halter vom Sofa aus anknurrt, ist nicht dominant, er ist schlicht und einfach rotzfrech.

Ressourcenverteidigung – Probleme beheben

Ressourcenverteidigung wird häufig mit Dominanz in einen Topf geworfen. Verteidigung und Dominanz sind jedoch zwei völlig unterschiedliche Verhaltensweisen. Verteidigung wurde häufig unbewusst anerzogen.

Futterverteidigung – Trainingsplan

Wie schon erwähnt, ist diese völlig absurde und dumme Sitte, dem Hund den Napf während dem Fressen wegzunehmen (siehe Seite 64), noch immer weithin verbreitet. Das einzige, was man damit erreichen wird, ist der finale Vertrauensverlust und die Förderung einer Futterverteidigung. Unser Ziel sollte vielmehr sein, beides zu vermeiden bzw. Vertrauen aufzubauen.

ÜBUNGSSCHWERPUNKT: *Verteidigung von Futter vermeiden.*

TRAININGSZEIT: *2–4 Wochen*

Futter ist in der Regel die am häufigsten verteidigungswürdige Ressource. Verteidigung kann sich jedoch auch auf Gegenstände und Personen ausweiten.

Handfütterung und klare Regeln beim Fressen können Probleme schon im Ansatz „ersticken". Lernt der Hund frühzeitig, dass ihn andere Näpfe „nichts angehen", wird die Fütterung immer harmonisch ablaufen.

Vertrauensbildung durch Handfütterung

Füttern Sie Trockenfutter, nehmen Sie gut die Hälfte der Mahlzeit mit auf die Spaziergänge. Erledigt der Hund kleine Aufgaben, z. B. Unterordnungsübungen, Tricks oder Spiele, bekommt er sein Futter. Bestehen Sie auf BARF, können Sie Trockenfleisch verwenden.

Den Rest der Mahlzeit bekommt der Hund abends in den Napf. Sie halten den Napf in der Hand, der Hund darf diesen leerfuttern, **ohne** dass Sie ihm den Napf **entziehen**. Erst wenn der Napf leer ist, wird dieser aufgeräumt.

Knurrt der Hund Sie dabei an, ignorieren Sie dies bitte. Sie schimpfen nicht, da er aus hundepsychologischer Sicht nichts falsch macht. Sie nehmen auch bitte den Napf nicht weg. Gegebenenfalls ziehen Sie vor dem Füttern Topfhandschuhe oder Grillhandschuhe an, falls Sie Angst haben, dass der Hund doch schnappt. Essenziell ist, dass der Hund seinen Napf bis zum letzten Krümel leeren darf.

Gleichermaßen verfahre ich mit sogenannten „Kauteilen" wie z. B. Ochsenziemer. Die ersten 2–3 Minuten halte ich den Kauartikel in der Hand, während der Hund anfängt, daran zu knabbern. Danach überlasse ich diesen dem Hund und er darf ihn vollständig verputzen.

Haben Sie dabei kein Vertrauen zu ihrem Hund oder sind Sie sich unsicher, wie er darauf reagiert, bleiben Sie die 2–3 Minuten einfach neben dem Hund sitzen, während er frisst. Sie sprechen bitte nicht mit dem Hund und sie fassen ihn bitte auch keinesfalls an. Er soll lernen, dass es völlig in Ordnung ist, wenn Sie während dem Knabbern dabei sind.

Sozialpartner verteidigen – Trainingsplan

Dieses Verhalten kann je nach rassespezifischem, ursprünglichem Zuchtziel stark variieren. Rassen, die auf Schutztrieb selektiert gezüchtet wurden, z. B. Herdenschutzhunde, Belgische Schäferhunde und Hofhundeschläge, sind anders zu behandeln als der „verwöhnte" Kleinhund. Bei Schutz- und Gebrauchshunderassen wurde die Verteidigung des Sozialpartners gezielt verstärkt und ist auch erwünscht. Bei verhätschelten Hunden wurde dies anerzogen.

ÜBUNGSSCHWERPUNKT: *Verteidigen von Sozialpartnern.*

TRAININGSZEIT: *2–4 Wochen*

Angeborenes Verhalten kontrollieren

Genetik kann nicht aberzogen werden. Ist Verhalten im Erbgut verankert, kann man nur dahingehend arbeiten, dieses Verhalten in einen kontrollierten Rahmen zu bringen: Gehört Ihr vierbeiniger Partner einer dieser oben genannten Rassen an, sollten Sie tunlichst mit dem Welpen schon an der Impulskontrolle arbeiten. Bauen Sie ein Kommando auf, welches der Hund zuverlässig, immer und freudig ausführt. Geeignet ist z. B. Platz, Down oder Stopp (siehe Impulskontroll-Training, Seite 64).

Herdenschutzhunde sind dahingehend gezüchtet, alle Personen und Tiere zu akzeptieren, die sie im Welpenalter kennenlernen. Berücksichtigen Sie also wirklich alle Personen, die in Ihrem Haushalt ein- und ausgehen sollen. Verlegen Sie den Schwerpunkt des Trainings darauf, dass alle Personen den Hund streicheln, ihn berühren und an ihm vorbeigehen können (**wichtig:** jedoch, ohne ihn zu bedrängen!). Konditionieren Sie einen festen Platz, an den sich der Hund zurückzieht, wenn Fremde kommen.

Anerzogenes Verhalten korrigieren

Der kleine Prinz hat den Schoß von Frauchen im Sturm erobert und möchte Frauchen nun für sich alleine. Herrchen soll gefälligst Abstand halten. In diesem Falle ist die hundertprozentige Konsequenz von Frauchen gefordert. Es ist nämlich ganz einfach, dieses Verhalten zu korrigieren.

Knurrt der Hund Ihren Partner an, stehen Sie bitte kommentarlos auf und verlassen zusammen mit Ihrem Partner den Raum. Sie sprechen nicht mit dem Hund, Sie schimpfen ihn nicht, sie gehen und lassen das kleine fordernde Fellknäuel alleine „im Regen stehen". Das Verhalten müsste sich bei ernsthaftem, konsequentem Training innerhalb einer Woche sehr verbessert haben.

Gegenstände verteidigen – Trainingsplan

ÜBUNGSSCHWERPUNKT: *Verteidigung von Gegenständen.*

TRAININGSZEIT: *2–4 Wochen*

Üben mit dem Welpen

Schon der Welpe soll lernen, Gegenstände wie z. B. Spielzeuge jederzeit wieder herzugeben. In Tassilos Fall wurde dies nicht geübt. Es war nicht möglich, von ihm etwas zurückzuverlangen, ohne verletzt zu werden. Er knurrte, verbiss sich im Gegenstand, schnappte, wenn man versuchte, den Gegenstand zu greifen.

Mit Ihrem Hundebaby können Sie spielerisch trainieren. So etwa mit dem Tauschspiel: Sie brauchen zwei Spielzeuge, die für den Welpen interessant sind. Er bekommt eines und Sie haben eines. Nun tauschen Sie das Spielzeug immer wieder zwischen ihnen beiden hin und her. Wenn Sie das Spiel beenden, verbleibt ein Spielzeug beim Welpen, welches er behalten darf, das andere wird weggeräumt.

Manchen Hunden fällt die Herausgabe von Gegenständen schwer. Lässt sich der Halter dann auch noch auf ein Zerrspiel ein, verfestigt man dieses Verhalten nur noch.

Üben mit dem erwachsenen Hund

Hat der Hund einen Gegenstand zu seinem „Besitz" erklärt, gibt diesen also nicht mehr her, knurrt eventuell sogar? Hier sind Ihre Konsequenz und allem voran Geduld und gute Nerven gefragt.

Hat Ihr Hund diesen Gegenstand im Maul, nehmen Sie ihn für das Training an die Leine, auch im Haus. Er darf währenddessen keine Möglichkeit haben, mit dem Gegenstand herumzulaufen oder zu spielen, das wäre Selbstbelohnung. Sie sprechen und sehen ihn nicht an, alles läuft ohne Worte ab. Setzen Sie sich auf einen Stuhl, der Hund ist angeleint bei Ihnen. Es wird ihm irgendwann langweilig werden und er wird den Gegenstand fallen lassen. Bringen Sie wirklich diese Geduld auf; es kann die ersten Male dauern, bis der Hund den Gegenstand loslässt, aber es wird sich lohnen.

Lässt der Hund den Gegenstand fallen, stehen Sie auf, noch immer wortlos, nehmen den Hund an der Leine mit und führen ihn vom Gegenstand weg. Er bekommt nun an einer anderen Stelle, noch immer angeleint, eine Belohnung. Der Hund soll an dieser Stelle bleiben, während Sie zum Gegenstand zurückgehen und diesen aufräumen. Erst dann leinen Sie den Hund wieder ab. Der Hund darf **keine** Möglichkeit mehr haben, das Objekt seiner Begierde erneut zu erreichen.

Honey hat schon als Welpe gelernt, dass es sich lohnt, Gegenstände wieder abzugeben bzw. auf ein Tauschgeschäft einzugehen. Es gibt dafür entweder etwas Gleichwertiges oder sogar etwas Besseres.

Lernzielkontrolle

Je nachdem, welches Problemverhalten Sie korrigieren mussten, sollte sich innerhalb von vier Wochen das Verhalten stark gebessert haben, wenn Sie wirklich konsequent geübt haben.

Futter-Training: Ihr Hund sollte soweit Vertrauen aufgebaut haben, dass er es nun ohne Knurren oder Schnappen akzeptiert, dass Sie den Napf während der Nahrungsaufnahme festhalten. Bitte führen Sie diese Handfütterung mindestens 2–3 Monate weiter. Ich verstehe, dass Ihnen dies lang erscheint, es wird sich jedoch für das zukünftige Zusammenleben lohnen. Ich füttere alle Hunde, die zu mir kommen, wenigstens sechs Monate auf diese Weise, erst dann bekommen die Hunde ihren Napf auf den Boden.

Personen-Training: Ihr Gebrauchs-/Herdenschutzhund hat alle Personen akzeptiert, die im Haushalt ein- und ausgehen. Er zieht sich zuverlässig an den ihm zugewiesenen Platz zurück, wenn Fremde kommen. Sind Sie sich auch nach vier Wochen noch nicht sicher, behalten Sie das Trainieren auf einen Platz bei. Eventuell können Sie eine Box einführen.

Der kleine Prinz hat durch entschlossenes Alleinelassen bei Forderungen akzeptiert, dass auch Herrchen zu Frauchen aufs Sofa darf. Haben Sie bitte kein Mitleid, wenn er jammert. Jeder noch so kleine Erfolg für den Hund wirft Sie im Training mindestens eine Woche zurück.

Gegenstände-Training: Dieses Training dürfte die längste Zeit in Anspruch nehmen. Sie haben akribisch darauf geachtet, dass Ihr Vierbeiner den Gegenstand nie wieder erreicht hat, nachdem er diesen fallen ließ. Auf diese Weise hat er gelernt, dass sein „Festhalten“ keinen Erfolg für ihn hat. Sie haben sich auf kein Spiel eingelassen, gaben kein Feedback, ermöglichten keine Selbstbelohnung, vor allem kein „Kampf“, den Sie sowieso verlieren und dem Hund nur Erfolge verschafft. Erst nach diesem Training führen Sie ein Wort für das Ausgeben ein. Bei uns heißt es „Schluss“. Dieses Wort kann man im Notfall wunderbar „zischen“. Das beliebte „Aus“ ist zu kurz und zu weich.

Wenn es nicht klappen will

Verwenden Sie im Training Futter oder Gegenstände, die für den Hund nicht zu hochwertig sind. Also nicht sofort mit besonders leckerem Futter oder dem Lieblingsball beginnen. Steigern Sie die Wertigkeit langsam.

Personenverteidigung birgt in der Regel das höchste Gefahrenpotenzial. Trainieren Sie ggf. mit Maulkorb, bis Sie sicher sind, dass der Hund die Person akzeptiert. Gesundheit und Unversehrtheit der Menschen steht immer an erster Stelle.

Bei sehr aufgeregten Hunden hat es sich bewährt, ihnen einen Platz zuzuweisen, wenn es beispielsweise an der Tür klingelt oder Besuch kommt.

Privilegien ja – aber kontrolliert

Ob Sie dem Hund Privilegien, wie z. B. das Liegen auf dem Sofa oder Bett erlauben, ist Ansichtssache. Es braucht für ihn aber absolute Klarheit: Einmal erlaubt, heißt immer erlaubt.

Wir haben klare Regeln

Unsere Hunde dürfen auf das Sofa. Sie gehen jedoch von alleine und machen Platz, wenn mein Mann oder ich kommen. Schlafzimmer ist tabu, das gehört nur den Menschen.

Es gibt ausgewähltes Spielzeug, welches den Hunden immer zur Verfügung steht. In einem großen Korb sind Plüschtiere, leere Toilettenpapierrollen, Bällchen usw. So lernt bei uns schon das Hundebaby, dass es nichts verteidigen muss, weil ja immer etwas da ist. Ich halte gar nichts davon, dem Hund alles vorzuenthalten. Was würden Sie denn sagen, wenn Ihr Partner z. B. alle Ihre Bücher weg schließt und Sie nur lesen dürfen, wenn er es gnädigerweise erlaubt?

Auf dem Spaziergang gehen meine Hunde vor mir. So habe ich sie besser im Auge und kann sie besser kontrollieren. Vor allem im Freilauf habe ich meine Fellnasen lieber vor mir, da ich so schneller agieren kann, falls sie „eigene Ideen“ haben.

Der Hund wird mit einem dicken Kissen bedrängt. Der Liegeplatz auf dem Sofa muss ungemütlich werden. Es wird dabei nicht gesprochen.

So viele Privilegien? Aufs Sofa? Vor mir gehen? - Ja und ich lebe noch!

Hunde werden nicht frech, nur, weil sie Privilegien genießen. Ein Hund wird unverschämt (bitte solch ein Verhalten nicht mit Dominanz verwechseln), wenn ihm keine Grenzen gesetzt und keine klaren Regeln eingeführt werden. Ein **Nein** ist immer ein Nein und was der Hund einmal darf, darf er dann eben immer. Hü und hott, rein in die Kartoffeln, raus aus die Kartoffeln, versteht ein Hund genau so wenig wie ein Kind. Ressourcenverteidigung ist bei uns jedoch ein No-Go, weder innerhalb der Hundegruppe noch gegen Menschen. Wie erwähnt, lernen alle Hunde mithilfe der Handfütterung, dass Ressourcen „eigentlich mir gehören". Der Napf eines Hundes ist für die anderen so lange verboten, bis dieser vom Napf weggeht.

Das besetzte Sofa – Trainingsplan

Ein zunächst unbewusst anerzogenes Verhalten zu korrigieren, bedarf Zeit und Geduld. Hunde haben einen sehr dicken „Geduldsfaden", was man daran sieht, wie beharrlich sie beim Betteln sein können.

ÜBUNGSSCHWERPUNKT: *Mein Sofa, dein Sofa.*

TRAININGSZEIT: *2–4 Wochen*

Runter vom Sofa

Einen „körperlichen" Kampf verliert man gegen Hunde immer, egal, ob es sich um einen 3-kg-Chihuahua oder eine 70-kg-Dogge handelt. Der Hund hat „42 Argumente" (Zähne), denen wir nichts entgegenzusetzen haben. Wie der Fall von Tassilo zeigt, scheuen solche Hunde nicht davor zurück, die Argumente auch einzusetzen.

Der Vierbeiner wird so lange wortlos bedrängt, bis er geht. In der Regel versteht ein Hund sehr schnell, dass dieses Privileg nun wegfällt, wenn sein Halter konsequent bleibt.

Knurrt Ihr Hund, geben Sie ihm bitte keinesfalls ein verbales Feedback, bei ihm kommt dies nur als „Gegenknurren“ an. Stellen Sie sich vor den Hund und schauen Sie diesen zunächst nur beharrlich an, nicht über ihn beugen und nicht sprechen. Dies ist dazu auch ein einfacher Test, um festzustellen, wie viel Respekt Ihr Hund vor Ihnen überhaupt noch hat. Der Hund sollte nun ins Grübeln kommen. Die Ohren gehen nach hinten, das Knurren hört auf, eventuell fängt der Hund an mit den Augen zu blinzeln. Im Idealfall räumt der Hund nun das Sofa.

Auf Abstand halten

Ist das Verhältnis zu Ihrem Hund so weit zerrüttet, dass er nach Ihnen schnappt, fassen Sie ihn bitte nicht an und Sie schieben ihn bitte nicht mit der Hand vom Sofa runter. Ganz wichtig: An erster Stelle steht immer Ihre Unversehrtheit. Gehen Sie körperlich auf Abstand!

Nehmen Sie ein großes Kissen, ideal eigenen sich dicke Boden-Sitzkissen. Setzen Sie sich neben den Hund auf das Sofa, das Kissen ist zwischen Ihnen und dem Hund. Bedrängen Sie ihn nun, indem Sie immer näher an ihn heranrutschen. Sein „Lieblingsplatz“ muss unbequem werden. Sie sprechen nicht mit dem Hund und schauen ihn auch nicht an. Bleiben Sie standhaft, bis er geht. Sie bleiben dann selbstverständlich noch etwas länger sitzen.

Ich würde hier keine Belohnung einsetzen, wenn der Hund das Sofa verlässt. Es sollte selbstverständlich sein, dass der Hund das Sofa räumt, wenn Sie sich setzen wollen.

Privilegien werden vom Menschen definiert. Gibt es jedoch keine klaren Grenzen, Regeln und Vorschriften, können Situationen außer Kontrolle geraten.

Das okkupierte Bett – Trainingsplan

Immer wieder wenden sich Hundehalter an mich, deren Tiere die „Schlafstätte" in Beschlag genommen haben. Herrchen muss auf dem Sofa schlafen, weil Hundi bei „Mama" im Bett nächtigt. Der Respekt des Hundes vor Herrchen ist ganz und gar verloren gegangen.

Solch ein Verhalten ist für Hunde im Grundsatz nicht naturgemäß, denn Hunde gehen untereinander nicht respektlos miteinander um. In einer harmonischen Hundegruppe bekommt jedes Mitglied seinen Platz zugewiesen. Da die Gruppen in Haushalten in der Regel vom Halter zusammengestellt werden, ist hier das Setzen von Grenzen und das Einhalten eines respektvollen Umgangs miteinander Aufgabe des Menschen.

ÜBUNGSSCHWERPUNKT: *Mein Bett, dein Bett.*

TRAININGSZEIT: *2–4 Wochen*

Zimmerverweis

Die einfachste Lösung von „Bett-Problemen" ist, die Schlafzimmertür zu schließen. Ist dies aus bestimmten Gründen nicht möglich, sei es, dass der Hund krank ist oder der Halter ihn als Warnhund braucht, ist geraten, dem Tier von Anfang an einen Platz neben dem Bett zuzuweisen.

Ist das Kind schon in den Brunnen gefallen, bedarf es ein weiteres Mal konsequentes und geduldiges Training. Ist es so weit, dass der Hund seine „42 Argumente" einsetzen würde, steht einmal mehr die Sicherheit des Halters an erster Stelle.

Unbequem im Bett

Beobachtet man Hunde, wie diese einen anderen zum Platz machen auffordern, wird man feststellen, dass dies in der Regel ohne Knurren, ohne Bellen und ohne Kampf abläuft. Der Platz fordernde Hund „bedrängt" den anderen so lange mit dem Körper und Blicken, bis der Platz-Besetzer ganz von alleine geht.

Ihre Sicherheit und Unversehrtheit geht unbedingt vor! Darum bleiben Sie auch hier besser auf Abstand! Verwenden Sie wieder ein dickes Kissen. Wie auf dem Sofa bedrängen Sie nun den Hund mit dem Kissen, um ihm seinen Liegeplatz unbequem zu machen. Es wird nicht gesprochen und nicht geschimpft, Sie knurren ihn nicht an. Bleiben Sie konsequent, bis der Hund geht. Räumt er das Feld, bleiben Sie wieder eine Zeit liegen. Belohnung erhält der Hund hier ebenfalls keine.

Platzanweiser – Trainingsplan

Zu Hause hat es sich als dienlich erwiesen, dem Hund von Anfang an bestimmte Plätze zuzuweisen. Sei es, wenn es an der Tür klingelt, Besucher kommen, die Halter etwas arbeiten müssen.

ÜBUNGSSCHWERPUNKT: *Mein Platz, dein Platz.*

TRAININGSZEIT: *2–4 Wochen*

Positiv aufgebautes Decken-Training

Welchen „Platzhalter" Sie dafür verwenden, ist egal. Sie können jederzeit mehrere Plätze konditionieren, dafür sollten dann identische Liegedecken verwendet werden. Setzen Sie die Touchhand ein, um den Hund an den Platz zu führen. Warten Sie, bis sich Ihr Vierbeiner von alleine hinlegt, wofür er belohnt wird. Aktionen, die sich ein Hund selbst erarbeiten darf, lernt er schneller und werden in kürzerer Zeit generalisiert.

Bitten Sie eine Hilfsperson, den Besucher zu „spielen". Nachdem die Hilfsperson geklingelt hat, schicken Sie den Hund auf seinen Platz. Da der „Besucher" weiß, dass es etwas dauern kann, bis Sie zur Tür kommen, haben Sie genügend Zeit, den Hund zu korrigieren.

Lassen Sie den Hund am Anfang nicht zu lange auf der Decke liegen. Ihr Vierbeiner soll die von Ihnen gewünschte Position nicht von alleine auflösen. Erst wenn Sie den Hund wieder abholen, bekommt er eine Belohnung und wird vom Platz entlassen.

Lernzielkontrolle

Sofa: Sie haben dem Hund durch konsequentes Unbequem-machen den Platz auf dem Sofa wieder streitig gemacht. Nach der ersten Woche sollte der Hund, eventuell noch unter leichten Unmutsäußerungen, den Platz räumen, wenn Sie kommen. Tut er dies von alleine, kommt nun die Belohnung ins Spiel. Er soll im weiteren Trainingsverlauf lernen: Sofa verlassen lohnt sich.

Bett: Wie auf dem Sofa, ist der Platz im Bett nun unbequem geworden. Sie beanspruchen den Platz für sich. Ihr Vierbeiner sollte nach etwa zwei Wochen gelernt haben, dass sein Schlafplatz außerhalb des Schlafzimmers ist oder **neben** dem Bett.

Platz: Der Hund hat seinen Platz akzeptiert. Haben Sie gut gearbeitet, sollte Ihr Vierbeiner diesen von alleine aufsuchen, wenn es klingelt. Der Platz wurde als positiv, sich lohnenden Bereich aufgebaut.

Wenn es nicht klappen will

Bleiben Sie unnachgiebig. Standhaftigkeit zahlt sich allem voran bei diesem Training aus. In der Regel verstehen Hunde sehr schnell, dass der „Hase nun anders läuft", wenn Sie konsequent bleiben. Für die Zukunft muss dann auch gelten: Ein Verbot ist ein Verbot und wird nicht aufgehoben.

An der Tür

Türen sind für Hunde immer sehr spannend, spielen sich dahinter doch meistens hochinteressante Dinge ab. Keinesfalls darf jedoch der Hund entscheiden, wann und wie er die Tür passiert.

Die Tür ist eine Grenze

Unser Sheltie-Rüde Onyx kam im Alter von 5,5 Jahren zu uns. Vom Grundcharakter her ist er ein eher nervöser, aufgedrehter, zappeliger Hund. Machten wir uns zum Gassi bereit, lief er bellend und fiepend umher. Wurde die Haustür geöffnet, drängelte er sich nach draußen. Ein solch unkontrolliertes Verlassen des Hauses konnte für Onyx und andere auf der Straße jedoch gefährlich werden.

Beim Betreten, z. B. von Hotels und Gaststätten, fällt mir ebenfalls immer wieder auf, dass Hunde die Tür als erste passieren, ohne dass der Halter weiß, was drinnen gerade vor sich geht. Sind dort andere Hunde? Halten sich darin Menschen auf, die Angst vor Hunden haben? Besonders schlimm wird es, wenn der Vierbeiner an der ausgefahrenen Rollleine vorausgeht.

So soll es nicht sein: Die Tür geht auf, Fio und Dilara stürmen unkontrolliert aus der Tür. Das kann nicht nur gefährlich für die Hunde werden.

Die Hand markiert die Grenze. Fio und Dilara lernen im Training, dass diese Grenze nicht überschritten werden darf.

Oder vor Aufzügen – wie sich hier manche Mensch-Hund-Teams verhalten, finde ich „enorm spannend". Folgende Episode hat sich genau so zugetragen: Ich fahre im Hotel mit meinem Trio im Aufzug nach unten. Im Erdgeschoss öffnet sich die Aufzugtüre, eine Dame steht uns, in Begleitung zweier Pudel, die mit den Nasen an der Aufzugtüre kleben, frontal gegenüber. Meine Honey findet das nicht so prickelnd und tut dies mit einem tiefen Knurren auch kund. Die Pudel verstehen sofort und weichen zurück. Nur die Dame nimmt die prekäre Situation nicht bewusst wahr, sie steht wie eine deutsche Eiche vor der Aufzugtüre.

Rollleinen sind ein Unheil. Wir betreten das Foyer eines Hotels, in welchem wir gerne Urlaub machen. Mein Trio an der Tür an der kurzen Leine neben mir. Um eine Ecke herum schießt uns ein Hund an der komplett ausgefahrenen Rollleine entgegen. Der oder die Halter/in befindet sich im Nebenraum und hat nicht die geringste Kontrolle über das aufgedrehte Tierchen.

Die beschriebenen Situationen erlebe ich immer wieder in unterschiedlichen Ausprägungen. Nicht immer ist es Respektlosigkeit oder Rücksichtslosigkeit. In vielen Fällen handelt es sich leider um Gleichgültigkeit oder noch schlimmer einfach um Unwissenheit.

Der Trainingsplan

Das folgend beschriebene Training ist für alle Gegebenheiten an Türen oder dem Betreten von Gaststätten, Hotels oder anderen öffentlichen Gebäuden geeignet.

1. Woche

ÜBUNGSSCHWERPUNKT: *Ruhe an der Tür.*

Erstes und oberstes Lernziel an und vor Türen ist Ruhe. Beginnen Sie mit dem Touch-Training (siehe Seite 14). Ein Hund, der sich auf mich und meine Hand konzentrieren muss, hat keine Zeit, sich um etwas anderes zu kümmern. Besitzen Sie mehr als einen Vierbeiner, hat das Thema Ruhe an der Türe einen noch höheren Stellenwert: Warten mehrere Hunde schon ganz aufgekratzt auf den Spaziergang, ist Ruhe oberstes Ziel. Alle Vierbeiner sind in einer Ruheposition und touchen Ihre Hand.

Haustüre: Ist der Vierbeiner bereits vor dem Anleinen zum Spaziergang aufgeregt, animieren Sie ihn, sich zu setzen und lassen Sie ihn touchen, bis er wirklich zur Ruhe kommt, was dann natürlich belohnt wird. Leinen Sie ihn an, dann erst öffnen Sie die Türe einen Spalt. Steht er auf, schließen Sie die Türe, ermuntern Sie ihn, sich wieder zu setzen und lassen ihn wieder touchen. Das Spiel beginnt von vorne: Sie öffnen die Türe einen Spalt, steht der Hund auf, wieder Ruheposition und touch. Es geht erst los, wenn der Hund sitzen bleibt, sobald sich die Türe ein wenig öffnet. Das gleiche Training ist selbstredend auch an **Terrassentüren** wirkungsvoll.

Betreten öffentlicher Gebäude: Sie gehen bitte nicht durch Türen, ohne zu wissen, was sich dahinter verbirgt.

Führen Sie den Hund mit der Touchhand in die Fußposition und lassen ihn absitzen. Vergewissern Sie sich bitte, dass die Luft hinter der Türe rein ist. Erst jetzt betreten Sie mit dem angeleinten Hund das Gebäude, die Touchhand zeigt ihm die Grenze, die er nicht überschreiten soll. Training siehe oben „Haustür". Genauso verfahren Sie bitte, wenn Sie ein **Gebäude verlassen**.

Aufzugtüren: Ich persönlich empfinde es als enorm rücksichtslos, wenn Mensch-Hund-Teams gerade mal 10 cm vor der Aufzugtüre stehen. Es könnten von vorneherein so viele brenzlige Situationen vermieden werden, wenn jeder etwas Rücksichtnahme und Weitblick zeigen würde. Sie wissen nicht, wer in dem Aufzug ist, der da gerade kommt, ggf. kann es an der Tür zu sehr unschönen Szenen kommen. Also: Bitte Abstand halten.

2. Woche

ÜBUNGSSCHWERPUNKT: *Offene Tür.*

Haustüre: Haben Sie gut gearbeitet, sollte sich Ihr Vierbeiner von alleine setzen und touchen. Noch bestehen Sie bitte auf einer Ruheposition, in die sich der Hund begeben soll.

Öffnen Sie nun die Türe so weit, dass der Hund hinausschauen kann. Er soll nicht aufstehen und nicht hinausdrängen. Warten Sie nun auf einen Blickkontakt. Ihr Hund soll jetzt lernen, erst noch einmal nachzufragen (siehe Blickkontakt-Training, Seite 19).

Tut er dies alles, lassen Sie ihn noch einmal touchen, erst dann startet der Spaziergang.

Wird Ihr Vierbeiner beim Öffnen der Tür wieder unruhig, schließen Sie die Türe erneut und beginnen von vorne: Sitz – Touch – Blickkontakt – dann geht es erst los.

Betreten öffentlicher Gebäude: Ihr vierbeiniger Freund begibt sich schon fast von alleine in die Fußposition, dafür gibt es selbstredend ein ganz tolles Leckerchen. Hunde können Orte, auch Türen, mit Verhalten verknüpfen.

Haben Sie die „Lage abgecheckt" betreten Sie mit dem in Fußposition langsam laufenden Hund das Gebäude. Sie setzen weiter die Touchhand als Grenzzeichen ein. Und ganz nebenbei lernt Ihr Vierbeiner noch, dass er Türen nur langsam und neben Ihnen durchqueren darf.

Schon bevor Fio und Dilara zur Tür kommen, wird ihnen die Grenze mit der Touchhand angezeigt. Diese Grenze wird nicht übertreten.

3. Woche

ÜBUNGSSCHWERPUNKT: *Es darf jetzt schneller gehen.*

Haustüre: Bei konsequentem Training sollte Ihr Hund verstanden haben, dass ihm Unruhe an der Tür keinen Erfolg verschafft.

Ihr Hund ist angeleint, Sie öffnen die Tür so weit, dass der Hund hinausschauen kann. Den Handtouch können Sie nun weglassen, bestehen Sie jedoch weiterhin auf der Ruheposition „Sitz“ und Blickkontakt. Schaut Ihr Hund Sie an, hat er keine Zeit, sich um die Geschehnisse draußen vor der Tür zu kümmern. Erst dann geht der Spaziergang los.

Achten Sie jedoch bitte darauf, dass der Hund nicht neben Ihnen vorschießt, er durchquert die Tür neben oder hinter Ihnen.

Inzwischen sollte der Hund beiläufig gelernt haben, dass er auch ohne Leine an der Türe eine Ruheposition einnehmen soll. Üben Sie dies ggf. gesondert nochmal.

Betreten öffentlicher Gebäude: Begeben Sie sich mit dem angeleinten Hund zur Türe, nehmen ihn bei Fuß und öffnen diese. Er hat gelernt, bei Ihnen in der Fußposition zu bleiben, wenn ein Gebäude oder Raum betreten wird. Ihr Hund orientiert sich an der Hand, die nun zu seiner Grenze geworden ist.

Sind Fio und Dilara durch die Tür gelaufen, werden sie nochmal „eingebremst“. Beide orientieren sich an der Hand und halten die Grenze ein.

Nach dem Durchlaufen der Tür nehmen Fio und Dilara nochmal eine Ruheposition ein. So ist es natürlich perfekt – muss aber nicht unbedingt sein.

4. Woche

ÜBUNGSSCHWERPUNKT: *Generalisierungsphase.*

Haustüre: Das Training ist beendet, wenn Ihr Hund beim Anziehen des Geschirrs ruhig stehen bleibt, sich von alleine in eine Ruheposition begibt und Blickkontakt aufnimmt. Von Generalisierung kann gesprochen werden, wenn der Hund diese Handlungskette selbstständig zeigt.

Der Handtouch ist in dieser Phase eigentlich nicht mehr nötig. Ihr Vierbeiner sollte seine Grenze ja nun verinnerlicht haben. Selbstverständlich können Sie den Hund zwischendurch trotzdem immer mal wieder touchen lassen.

Betreten öffentlicher Gebäude: Auch hier ist die Generalisierung abgeschlossen, wenn der Hund sich immer und von alleine vor Türen in die Fußposition begibt.

Aufzug: Sie haben nicht vergessen, von Aufzugtüren oder anderen sich automatisch öffnenden Durchgängen mindestens 1,5 m Abstand zu halten. Sie wissen nicht, was hinter der Türe geschieht.

Lernzielkontrolle

Beurteilen Sie die Fortschritte während des Trainings bitte objektiv.

Woche	Aufgabe	Klappt die Trainingseinheit zuverlässig? Ja	Nein
1	*Ihr Hund drängt nicht neben Ihnen durch die Tür.*		
1	*Ihr Hund nimmt an der Türe eine Ruheposition ein.*		
2	*Ihr Hund toucht an der offenen Türe die Hand.*		
3	*Ihr Hund nimmt Blickkontakt mit Ihnen auf.*		
3	*Ihr Hund nimmt die Fußposition vor Türen ein.*		
4	*Ihr Hund geht neben Ihnen durch die Tür.*		

Wenn es nicht klappen will

Bestehen Sie konsequent auf der Ruheposition an die Tür. Vielleicht ist der Vierbeiner noch immer viel zu aufgeregt. Verhindern Sie diese Aufregung, indem Sie den Hund öfter touchen lassen.

Absolvieren Sie diese Übungen keinesfalls, wenn Sie in Eile sind. Nehmen Sie sich genug Zeit, da Sie den Hund am Anfang eventuell ja öfter korrigieren müssen. Zeitdruck ist kein guter Trainingspartner.

Besondere Hunde

Angsthunden Vertrauen und Sicherheit geben

Bei Hunden, die Ängste entwickelt haben, ist geduldiges Training das A und O. Vertrauen und Sicherheit müssen oft komplett neu aufgebaut werden.

Angst kann diverse Ursachen haben

Um das passende Training für einen Angsthund zu finden, ist Ursachenklärung unabdingbar. Ein Hund, der isoliert aufgewachsen ist, also nichts kennengelernt hat und deswegen Angst vor verschiedensten Dingen zeigt, muss anders trainiert werden, als ein Hund der Ängste aufgrund von Misshandlungen zeigt.

Basis jedes Trainings ist jedoch Vertrauensaufbau und dem Hund Sicherheit zu vermitteln. Die klassischen Erziehungsziele wie Sitz, Platz oder Fuß sind am Anfang des Trainings außen vor zu lassen. Als erstes Ziel muss der Hund Selbstvertrauen und Selbstsicherheit aufbauen können. Sie müssen für solch einen Hund einmal mehr ein zuverlässiger Partner werden.

Angsthunde zu nichts zwingen

Jimmy, Straßenhund aus Griechenland, kam als Welpe nach Deutschland. Trotzdem entwickelte er in den ersten Monaten eigenartige Ängste vor Menschen und vor Objekten über seinem Kopf wie Äste, Flugzeuge oder Markisen. Es war nicht bekannt, was ihm als Welpe in Griechenland widerfahren ist. Wir haben ihm im Training viel Zeit gelassen und ihn zu nichts gezwungen,

Honey, mein kleiner Dackel-Mix, wurde mit ihren vier Geschwistern in einem Karton beim Müll abgestellt, geschätztes Alter 3–4 Wochen. Wo sie herkamen und unter welchen Umständen sie ihre ersten Lebenswochen verbrachten, war nicht bekannt. Zeitlebens zeigt sie Vorsicht bei fremden Menschen, vor allem bei Männern. Durch behutsames Training mit dem Handtouch und langsames Heranführen an Menschen arbeitet Honey heute trotz allem als Therapiehund und geht auch auf Männer zwar vorsichtig, aber neugierig zu.

Bei beiden bildete der Handtouch und die Handfütterung die Basis des Trainings. An erster Stelle stand der Vertrauensaufbau zum Halter (siehe Seite 64). Ein langsames Heranführen an die oder den Angstauslöser war der nächste Trainingsschritt.

Molly hat Angst vor fremden Menschen und weicht sichtlich verunsichert zurück. Ängstliche Hunde dürfen niemals bedrängt oder gar zu etwas gezwungen werden.

Der Trainingsplan

Angsthunde-Training muss individuell auf den Hund abgestimmt werden. Es macht deshalb keinen Sinn, bestimmte Lernzielkontrollen festzulegen, da diese speziell und so bei jedem Hund anders sind. Der beste Trainingspartner ist hier Geduld, dem Hund also genug Zeit geben, zu lernen. Sollte Ihr Vierbeiner vor verschieden Dingen Angst haben, trainieren Sie nicht alles auf einmal, sondern pro Auslöser die vier Wochen.

Bevor Sie mit dem Trainingsplan starten können, sollte Ihr Vierbeiner zuverlässig die leere Hand touchen (siehe Handtouch-Training, Seite 14).

1. Woche

ÜBUNGSSCHWERPUNKT: *Langsames heranführen.*

Gegenstände und Objekte: Haben Sie den Angstauslöser des Hundes definiert, führen Sie Ihren Vierbeiner an diesen auf eine Distanz heran, die der Hund noch gut zulassen kann. Sobald der Hund zögert, beginnen Sie mit ihm zu touchen. Er hat diese „Arbeit" mit etwas Positivem verknüpft, wird es also gerne ausführen. Der Hund toucht die leere Hand, Ziel des Trainings ist nicht, den Hund mit Futter abzulenken. Er soll sich in dieser Situation nicht an Futter orientieren, sondern an Ihnen.

Touchen Sie bitte so lang, bis Sie den Eindruck haben, der Hund hat den Angstauslöser „vergessen", er ist mit dem Kopf ganz bei Ihnen. Erst jetzt nehmen Sie den Hund aus der Situation heraus. Lösen Sie die Situation zu früh auf, entsteht kein Lerneffekt.

Menschen: „Halte dem Hund deine Hand hin und lass ihn mal dran riechen ..." – ein gern gegebener Tipp, um sich dem Hund „vorzustellen" – und schon schnellt die Hand, oft noch zur Faust geballt, auf das Tier zu. Kein wirklich guter Tipp. Hunde, die Angst vor Menschen haben, könnten auf die nach vorne ausgestreckte Hand panisch reagieren.

Bitten Sie eine dem Hund fremde Hilfsperson darum, ihre offene Hand nicht nach vorne auszustrecken, sondern seitlich zu halten, die Handfläche zeigt Richtung Hund. Die Hilfsperson sollte dabei nicht mit dem Hund sprechen. Auf diese Weise überlassen wir dem Vierbeiner die Entscheidung, wie nah er an die offene Hand einer fremden Person herangehen möchte. Wir hoffen auf die angeborene Neugier des Hundes. Belohnt wird in dieser Trainingsphase schon, wenn der Hund der Person nicht ausweicht und sich ruhig verhält. Sie sollten die fremden Hilfspersonen nicht zu häufig wechseln, maximal eine neue Person pro Woche.

Während der Übungen sprechen Sie bitte nicht „beruhigend" auf den Hund ein. Nehmen Sie lieber einen sanften, leichten Körperkontakt auf.

Bekommt ein ängstlicher Hund die Hand „zum Schnüffeln" vor die Nase gestreckt, könnte er vor Schreck schnappen. Besser ist es, in die Knie zu gehen und ihm die geöffnete Hand eher seitlich anzubieten.

2. Woche

ÜBUNGSSCHWERPUNKT: *Selbstvertrauen aufbauen.*

Gegenstände und Objekte: Die Distanz wird geringer. Ihr Hund toucht, während Sie sich auf den Auslöser zubewegen. Solange Ihr Hund eine Aufgabe **mit** Ihnen zusammen hat, kann er sich nicht zu sehr auf den Auslöser konzentrieren. Sobald der Hund zögert, wenden Sie sich langsam vom Reiz ab. Laufen Sie nicht zu schnell, um kein „Fluchtverhalten“ beim Hund auszulösen.

Versuchen Sie Tag für Tag etwas näher an das Objekt heranzugehen. Bitte den Hund nicht zwingen, also nicht zum Auslöser hin- oder durchziehen. Ihr vierbeiniger Freund soll sich seinen „neuen Mut“, soweit möglich, selbst erarbeiten.

Menschen: Berührt Ihr Hund die Hand der ihm nun bekannten Hilfsperson? Super! Die Belohnung folgt sofort, entweder von Ihnen oder, wenn es geht, von der Hilfsperson. Versuchen Sie, Ihren Vierbeiner an eine weitere fremde Person heranzuführen. Vielleicht haben ja Freunde oder Verwandte Zeit und Lust, mit Ihnen und dem Hund daran zu arbeiten. Ihr Vierbeiner sollte langsam neugieriger und mutiger werden.

Berührt der Hund die Hand noch nicht, bleiben Sie bitte weiter bei der Übung aus der ersten Woche.

3. Woche

ÜBUNGSSCHWERPUNKT: *Wir werden immer mutiger.*

Gegenstände und Objekte: In dieser Woche sollte sich Ihr Hund schon nah an den Angstauslöser herantrauen oder es wagen, unter Markisen durchzugehen. Haben Sie zielbewusst trainiert, geht Ihr Hund, die Hand touchend, vertrauensvoll gemeinsam mit Ihnen an den Auslöser heran oder vorbei. Bleiben Sie diese Woche bei dieser Übung, um das neue Selbstbewusstsein des Hundes zu stabilisieren.

Molly ist ganz schön mutig geworden. Mit sanfter Unterstützung von Frauchen wagt sie sich inzwischen ganz nah an die fremde Person heran. Sie hat sich ihren neuen Mut selbst erarbeitet.

Menschen: Ziel dieser Trainingsphase sollte sein, dass sich Ihr Hund traut, die Hände von drei Personen vorsichtig zu touchen und von diesen auch die Belohnung anzunehmen; dabei spielt es nun keine Rolle, ob er diese kennt oder nicht. Das Verhalten draußen sollte sich nun so weit bessern, dass Ihr Vierbeiner keine Angst hat, wenn fremde Menschen an ihm vorbeigehen.

Berührt der Hund die Hände der Hilfspersonen noch nicht, bleiben Sie bitte weiter bei der Übung aus der zweiten Woche.

4. Woche

ÜBUNGSSCHWERPUNKT: *Souveränität weiter ausbauen.*

Gegenstände und Objekte: Inzwischen schnüffelt Ihr Hund schon mal an dem früheren Angstauslöser. Auch Markisen sollten kein Problem mehr sein, er geht vertrauensvoll, geführt von der Touchhand, mit Ihnen unter der Markise durch. Bleiben Sie diese Woche bei dieser Übung, um den Hund zu stabilisieren.

Falls es weitere Angst erzeugende Dinge oder Gegenstände gibt, beginnen Sie das Training mit diesem Auslöser von vorne.

Menschen: Mit Ihrem Rückhalt nimmt der Hund von alleine Kontakt zu fremden Menschen auf. Er hat gelernt, dass es nicht „gefährlich“ ist, Menschen zu vertrauen. Suchen Sie nun ruhig auch Orte auf, an denen sich viele Menschen aufhalten.

Bitten Sie diese jedoch eindringlich darum, dem Hund die Hand **nicht** entgegenzustrecken. Erschrickt der Hund in einer solchen Situation nur einmal wieder, müssen Sie das Training von vorne beginnen.

Molly bekommt genug Zeit, sich selbst zu entscheiden, wann und wie lange sie an die fremde Person herangeht.

Bengel und Lausbuben

Es gibt sie, die Bengel-Hunde, die beim An- und Ableinen ein riesiges Tamtam veranstalten, und jene, die alle und jeden begrüßen müssen. Und dann auch noch die Lausbuben, die eindeutige Ansagen von Artgenossen einfach nicht verstehen (wollen).

Bengel richtig an- und ableinen

Während meiner Kurse gehen wir häufig mit großen Hundegruppen spazieren. Ben, Magyar Vizsla, ein Jahr alt, war zum ersten Mal dabei. Die Leine unter Spannung, stand der junge Rüde ungeduldig mit dem Rücken zu Frauchen. Der Griff zum Karabiner der Leine war der Startschuss – Leine ab, von Null auf Hundert in einer Millisekunde, prescht Ben in die Gruppe.

Prompt fanden die anderen das nicht so erfrischend, worauf Ben eine informative Abmahnung kassierte. Unser Glück war, dass sich die meisten Hunde der Gruppe untereinander kannten und auch überwiegend ein sehr souveränes Wesen haben. Poltert Ben in eine Hundegruppe, die nicht so entspannt ist, kann dies einen schlimmen Ausgang nehmen.

Fangenspiel beim Anleinen

Ty (gesprochen Tai), seines Zeichens Parson Russell Terrier, zehn Monate alt, verschaffte uns in einem Kurs immer wieder packende „Einfangszenen". Von der Leine gelassen, fegte Ty wie ein Blitz durch die Halle. Er ließ Herrchen auf etwa einen Meter herankommen, um dann seinen Flug durch die Halle fortzusetzen. Herrchen hatte nicht die geringste Chance, den kleinen Bengel an die Leine zu bekommen. Die ganze Teilnehmergruppe kam zum Einsatz, ein geflügelter Satz aus dieser Kurswoche hat sich bis heute erhalten: „Könnte mal bitte jemand Ty einfangen ..." Beide Episoden zeigen, dass das korrekte An- und Ableinen nicht zu unterschätzen ist. Beachtet man dabei ein paar einfache, schnell zu lernende Regeln, verhindert man von Anfang an viel Anspannung und Nervosität – und verwandelt den Bengel in einen wohlerzogenen Vierbeiner.

Die unbelehrbaren Lausbuben

Manche Hunde neigen dazu, Maßregelungen von Artgenossen nicht verstehen zu wollen oder zu können. Sei es, weil der Hund nie richtig sozialisiert wurde, oder eben einfach einen Hang dazu hat, alle und jeden sofort mit seiner Anwesenheit beglücken zu wollen. Aufdringliches Schnüffeln, Bedrängen, körperbetonte Spielaufforderungen, das gesamte Repertoire penetranter Kontaktaufnahme wird auch bei eindeutiger Ablehnung des anderen Hundes nicht unterlassen.

Der Trainingsplan

Das „Bengel und Lausbuben"-Training muss individuell auf den Hund abgestimmt werden. Es macht deshalb keinen Sinn, bestimmte Lernzielkontrollen festzulegen, da diese speziell und so bei jedem Hund anders sind.

1. Woche

ÜBUNGSSCHWERPUNKT: *Ableinen und Zurückhaltung.*

Ableinen: Lassen Sie den Hund neben sich absitzen. Die Ruheposition vor dem Ableinen ist die wichtigste Basis dieses Trainings. Der Hund sitzt keinesfalls mit dem Rücken zu Ihnen. Warten Sie bitte, bis der Hund Blickkontakt mit Ihnen aufnimmt und lassen Sie ihn die Hand touchen. Haben Sie Geduld, es kann am Anfang dauern.

Schaut Ihr Vierbeiner hoch, belohnen Sie ihn und erst jetzt greifen Sie zum Karabiner. Steht der Hund auf, richten Sie sich wieder auf und verlangen wieder ein Sitz. Belohnen Sie das Hinsetzen und einen wieder aufgenommenen Blickkontakt.

Den Karabiner lösen Sie erst, wenn der Hund sitzen bleibt und Sie ansieht. Führen Sie ein Wort oder eine Handbewegung ein, die dem Hund das Loslaufen erlaubt.

Anleinen: Hat Ihr Hund, ähnlich wie Ty, daraus ein „Fangenspiel" gemacht? Sie gehen darauf bitte nicht mehr ein. Drehen Sie dem Hund den Rücken zu und bleiben ruhig stehen. Sie tun so, als ob Sie in Ihren Taschen etwas suchen. Dieser Trick ist so effektiv wie simpel. Die meisten Hunde wissen, dass aus Jackentaschen oder Taschen meist etwas Tolles herauskommt. Ihr Hund wird vor Neugier platzen und mit 99%iger Sicherheit nachschauen, was Sie da tun.

Belohnen Sie, wenn Ihr Vierbeiner kommt, verlangen Sie ein Sitz und leinen ihn an. Auch hier ist die Ruheposition ausschlaggebend für das Training.

Nala zieht mit aller Kraft auf andere Hunde zu – ihre Besitzerin hat große Probleme, die temperamentvolle Junghündin zu halten.

Durch ein kurzes Ansprechen macht Nalas Frauchen auf sich aufmerksam und leitet die Hündin in die Position, in der sie warten soll.

Lausbuben: Viele Halter agieren nicht, sie reagieren nur auf ihren Hund und sind damit für ihn zu langsam. Gehen Sie vorausschauend Spazieren: Sie müssen den für den Hund spannenden Reiz früher sehen. Ist der Hund angeleint, gehen Sie in einem Bogen an anderen Hunden, Personen oder Gegenständen vorbei.

Hundekontakte während dieses Lernschrittes sollten kurz, ruhig, kontrolliert und nur mit Ihrer ausdrücklichen Erlaubnis gestaltet werden. Trainieren Sie am Anfang bitte mit wenig Ablenkung und wenigen Reizen. Eine extra Belohnung ist in diesem Training nicht nötig. Der Freilauf ersetzt hier das Leckerchen.

2. Woche

ÜBUNGSSCHWERPUNKT: *Steigerung.*

Ableinen: Ihr Hund sollte nach einer Woche gelernt haben, dass das Ableinen nun anders abläuft. Er setzt sich jetzt von alleine neben Sie und nimmt Blickkontakt auf. Auch der Impuls, sofort loszuspurten, wenn Sie nach dem Karabiner greifen, hat sich reduziert. Natürlich leinen Sie ihn nur ab, wenn er ruhig sitzen bleibt und Sie ansieht. Hunde lernen dies in der Regel sehr schnell.

Anleinen: Das „Fangenspiel" ist für den Hund nun langweilig geworden, da Sie nicht mehr darauf eingehen. Er kommt schneller heran, holt sich seine Belohnung ab und kann in der Ruheposition, die er eingenommen hat, ohne Probleme angeleint werden.

Lausbuben: Nach dem Training in ruhiger Umgebung mit wenig Ablenkung, steigern Sie bitte die Herausforderungen für den Hund. Agieren Sie frühzeitig, bevor sich der

Während Bluna mit ihrem Menschen vorbeigeht, ist Nala im Touchmodus und bleibt so zuverlässig bei ihrem Frauchen.

Vierbeiner auf eigene Faust aus dem Staub macht. Sprechen Sie den Hund einmal mit seinem Namen an, holen ihn mit der ausgestreckten Touchhand zurück und leinen ihn an.

Auch in dieser Woche sollten Sie konsequent daran arbeiten, dass Ihr Hund nur dann Kontakt mit Artgenossen aufnimmt, nachdem Sie es ihm erlaubt haben. Touchen Sie mit dem Hund, bestehen Sie auf Blickkontakt, bevor Sie ihn in ein Spiel oder die Kontaktaufnahme entlassen.

3. Woche

ÜBUNGSSCHWERPUNKT: *Übung macht den Meister.*

Ableinen: Das Ritual, nichts anderes ist es, welches der Hund die letzten zwei Wochen gelernt hat, sollte nun fast automatisch ablaufen: Sie bleiben stehen, der Hund setzt sich und nimmt Blickkontakt auf. Während Sie zum Karabiner greifen, bleibt der Hund sitzen. Nun verlangen Sie nochmal einen kurzen Blickkontakt, dann darf er mit dem gewählten Wort oder Handzeichen in den Freilauf.

Anleinen: Auch dieses Ritual hat sich beim Hund langsam verfestigt. Auf Zuruf oder die angebotene Touchhand kommt der Hund zu Ihnen, wird belohnt und angeleint.

Lausbuben: Üben Sie den Rückruf und das Anleinen auch, wenn kein Reiz für den Hund in Sicht ist. Hunde sind Meister im Verknüpfen. Ich kann oft beobachten, dass Halter ihren Vierbeiner rufen, dieser daraufhin sofort stehen bleibt, den Kopf hochnimmt und die Umgebung scannt. Er hat gelernt: „Wenn ich gerufen werden, ist etwas los …"

In dieser Woche sollten Sie als Team so weit sein, dass Ihr Hund von alleine nachfragt, ob er Kontakt aufnehmen darf oder nicht. Bestehen Sie jedoch weiterhin auf Blickkontakt, das Touchen können Sie ggf. jetzt weglassen.

4. Woche

ÜBUNGSSCHWERPUNKT: *Generalisierung.*

Ableinen: Nach drei Wochen Training sollte das Ablein-Ritual eine selbstverständliche Handlungskette geworden sein. Sie ist immer gleich: Sitz – Blickkontakt – im Sitz bleiben – ableinen – Blickkontakt – Freilauf.

Anleinen: Auch das Anleinen sollte sich ritualisiert haben. Die Handlungskette läuft immer wie folgt ab: Rückruf – Sitz – Blickkontakt – im Sitz bleiben – Anleinen.

Lausbuben: Sollten Sie in dieser Woche noch nicht so weit sein, dass Ihr Hund zuverlässig nachfragt, gehen Sie zum Training der Vorwoche zurück.

Vielen Hunden ist es leider häufig zu langweilig, zu ihrem Menschen zurückzulaufen, da dort ja eh nichts passiert. Nehmen Sie die Bedürfnisse Ihres Hundes wahr und erfüllen Sie diese, dann wird er auch gerne und schnell zu Ihnen kommen. Nutzen Sie die „Trick gegen Langeweile“-Tipps, die ich Ihnen in den vorigen Kapiteln an die Hand gegeben habe.

Beim An- und Ableinen nimmt der Hund optimalerweise Blickkontakt auf und eine Ruheposition, z. B. Sitz, ein. Bei Honey klappt das immer zuverlässig – so kann sie auch schon mal stehen bleiben.

Der Handicap-Hund

Hunde mit Behinderungen haben das gleiche Recht auf eine artgerechte Beschäftigung wie ihre Artgenossen ohne Handicap. Spiel, Sport und Spaß – all das ist möglich!

Blinde Hunde

Bei Pappalina, Jack-Russell-Mix-Hündin, wurde im ersten Lebensjahr nicht bemerkt, dass sie von Geburt an vollblind ist. Frauchen hat mit Pappalina die Begleithundeprüfung bestanden und Fun-Agility-Turniere bestritten. Erst später, als Pappalina im Agility-Parcour zunehmend unsicherer wurde, stand eine Augenuntersuchung an. Wie Pappalina das gemacht hat? Ich weiß es nicht. Wissenschaftlich erwiesen ist, dass sich Hunde mithilfe der sogenannten „Vibrissen", landläufig „Schnurrbarthaare" genannt, orientieren können.

Taube Hunde

Alle meine Hunde wurden im Alter mehr oder weniger taub. Da sie durch die Bank weg begeisterte Handtoucher waren und somit die Blickkontaktaufnahme verinnerlicht hatten, war es kein Problem, den Hunden weiterhin Freilauf zu gewähren. Denn aufgrund dessen, dass sie immer wieder von alleine Blickkontakt aufnahmen, waren die Hunde auch ohne Gehör immer mit mir in Kontakt. So konnte ich ihnen trotz des Handicaps ein artgerechtes Leben ermöglichen.

Je nachdem, wie und wo ich meine Hand positioniere, die Hunde folgen dieser immer.

Blind und taub

Während eines Dog-Dance-Kurses durfte ich Ice, Border-Collie-Rüde, double merle, blind und taub, kennenlernen. Alleine schon durch die rassebedingte genetische Anlage wollte Ice lernen und arbeiten.

Ice hatte als Basis den Handtouch erlernt, er orientierte sich dabei mit der Nase (Handgeruch von Frauchen lohnt sich) und an den Luftverwirbelungen, die wir durch Bewegung mit der Hand auslösten. Beim Dog Dance führten wir ihn mit leichten Tüchern, auch hierbei orientierte er sich an den Luftverwirbelungen, die Hunde über ihre Vibrissen wahrnehmen.

Gleiche Bedürfnisse

Vor allem bei Ice wurde klar, dass er die gleichen Bedürfnisse hatte, wie ein nicht behinderter Border Collie. Es wäre ihm gegenüber nicht fair gewesen, ihn nicht zu fördern. Mit ein bisschen Einfallsreichtum und Kreativität kann man mit einem Handicap-Hund ein genauso spannendes und auch sportliches Leben führen.

Der blinde Hund kann ebenfalls auf die Touchhand konditioniert werden, da er sich am Geruch des Halters orientiert. Umso wichtiger ist es, dass die Hand immer leer ist.

Der Trainingsplan

Das Handicap-Hunde-Training muss individuell auf den Vierbeiner abgestimmt werden. Es macht deshalb keinen Sinn, bestimmte Lernzielkontrollen festzulegen, da diese speziell und so bei jedem Hund anders sind.

1. Woche

ÜBUNGSSCHWERPUNKT: *Handtouch-Training für Handicap-Hunde.*

Blinde Hunde: Ihr blinder Hund wird sich am Geruch der Hand orientieren. Er soll auf **Ihren** Geruch reagieren, also bitte **kein** Lockmittel, wie z. B. Leberwurst, in die Hand reiben. Vom Prinzip ist es das gleiche Training wie bei einem Mantrailing-Hund, der auf den Geruch von Menschen trainiert wird. Würde dieser nur Leberwurst suchen, ginge das Training am Ziel vorbei.

Bieten Sie Ihrem blinden Vierbeiner Ihre leere rechte Hand seitlich von seinem Kopf an. Er wird ganz sicher mit der Nase an die Hand gehen, denn wir nutzen hier wieder die Neugier des Hundes aus. Berührt er sie mit der Nase, wird er belohnt. Verfahren Sie nach der rechten mit der linken Hand genauso. Aus welcher Hand er das Leckerchen bekommt, ist nicht entscheidend, Sie haben es **während** des Trainings nur bitte niemals in der Hand.

Üben Sie vorerst zu Hause, dort lässt sich der blinde Hund nicht so leicht von Geräuschen ablenken.

Blinde Hunde können sich mithilfe ihrer Vibrissen (Schnurrbarthaare) über Luftverwirbelungen orientieren. Auch der Geruchssinn gibt dem blinden Hund Auskunft über seine Umgebung.

Taube Hunde: Die Basis ist das allgemeine Handtouch Training (siehe Seite 14), der taube Hund kann Ihre Hand ja sehen.

Zusätzlich können Sie ein sogenanntes „Vibrationshalsband" bei Ihrem tauben Hund einsetzen – von diesen bin ich ein überzeugter Anhänger. Sie sind ein wunderbares Mittel, taube Hunde auf den Halter aufmerksam zu machen. Um Ihrem Hund die Bedeutung des Halsbandes zu vermitteln, arbeiten Sie mit einer ganz klassischen Konditionierung: Immer, wenn für den Hund etwas Positives in Aussicht steht, betätigen Sie das Vibrationshalsband. Der Hund fühlt die Vibration und bekommt daraufhin eine Belohnung, etwa seinen gefüllten Futternapf, es beginnt ein Spiel oder der Spaziergang geht los.

Blind und taub: Beginnen Sie mit dem Etablieren der Touchhand (siehe oben „Blinde Hunde"). Die Nase „funktioniert" auch bei mehrfach behinderten Hunden meisterhaft. Zusätzlich machen Sie seitlich auf Hüfthöhe eine winkende Bewegung mit einer Hand, sodass Luftverwirbelungen entstehen. Starten Sie die Konditionierung des Vibrationshalsbandes wie oben beschrieben.

Bei der Führung eines sehbehinderten Hundes können kleine Tücher helfen, an deren Luftverwirbelungen er sich z. B. beim Dog Dancing orientieren kann.

2. Woche

ÜBUNGSSCHWERPUNKT: *Blickkontakt-Training für Handicap-Hunde.*

Blinde Hunde: Blickkontakt-Training mit einem blinden Hund? Ja, geht wunderbar. Genau wie blinde Menschen, wendet auch der blinde Hund seinen Kopf in die Richtung, aus der ein Geräusch kommt. Das reicht uns als „Blickkontakt".

Der blinde Hund bekommt **sein** Geräusch. Das kann eine Pfeife sein, Fingerschnippen, Zungenschnalzen oder das Schnappgeräusch des Leinenkarabiners. Die Konditionierung erreichen Sie wieder ganz klassisch: Der Hund hört das Geräusch, kommt zu Ihnen, toucht die Hand, woraufhin sofort etwas Positives für ihn folgt. Meine Hunde sind alle auf den Karabiner ihrer Leine konditioniert und ich kann sie mit diesem Schnappgeräusch sogar abrufen.

Üben Sie vorerst zu Hause, dort lässt sich der blinde Hund nicht so leicht von anderen Geräuschen ablenken und kann sich besser auf **sein** Geräusch konzentrieren.

Taube Hunde: Das Training beginnt genau wie bei einem nicht-behinderten Hund (siehe Seite 19). In diesem Fall wird jedoch zusätzlich das Vibrationshalsband „zugeschaltet". Immer, wenn Sie Ihr tauber Vierbeiner ansieht, bedienen Sie das Halsband, worauf der Hund sofort mit etwas ganz Tollem belohnt wird. Sie können ihn zusätzlich auch noch die Hand touchen lassen.

Blind und taub: Wo Sie mit ihrem mehrfach gehandicapten Hund trainieren, spielt von Anfang an keine Rolle, er kann durch Geräusche oder Sichtreize nicht abgelenkt werden.

Auch gehandicapte Hunde haben bei richtiger Führung eine große Lebensfreude. Meist kommt der Mensch mit der Behinderung schlechter zurecht als der Vierbeiner.

In diesem Fall trainieren Sie das Umwenden des Kopfes anhand des Vibrationshalsbandes. Immer, wenn der Hund aufgrund der Vibration den Kopf in Ihre Richtung wendet, bekommt er eine Belohnung allererster Sahne. Handtouch nicht vergessen. Auch der blind-taube Hund lernt so ganz schnell, was die Vibration am Hals bedeutet.

3. Woche

ÜBUNGSSCHWERPUNKT: *In den Alltag gehen.*

Blinde Hunde: Begeben Sie sich mit dem Hund nach draußen. Wählen Sie am Anfang eine bekannte Gassirunde oder einen Ort mit wenig Hintergrundgeräuschen. Ihr felliger Freund hat **sein** Geräusch gelernt. Animieren Sie den Hund mithilfe des Geräusches immer wieder, mit Ihnen Kontakt aufzunehmen. Lassen den blinden Hund bitte **grundsätzlich** die Hand touchen, bevor Sie ihn belohnen. Dieser bestätigte Körperkontakt gibt dem Hund Sicherheit.

Natürlich holen Sie den Hund nicht zig Mal pro Minute zu sich zurück. Geben Sie ihm auch genug Zeit zum Schnüffeln. Ein guter Mittelwert während eines einstündigen Spaziergangs ist, den Hund alle zehn Minuten zur Übung abzurufen. Später wird der Hund natürlich nur noch abgerufen, wenn es nötig ist.

Taube Hunde: Als Team sind Sie so weit, dass sich Ihr Vierbeiner nach Einsatz des Vibrationshalsbandes zuverlässig zu Ihnen umwendet. Begeben Sie sich nach draußen und üben während des Spaziergangs. Wendet sich der Hund aufgrund der Vibration um, bieten Sie ihm die Touchhand an, zu der er kommen soll. Nach dem Touch gibt's die Belohnung.

Blind und taub: Siehe Training „Taube Hunde“. Natürlich nutzt es Ihnen hier nichts, die Touchhand auf Distanz auszustrecken. Lassen Sie den Hund jedoch immer touchen, wenn er bei Ihnen ist, erst darauf folgt die Belohnung.

4. Woche

ÜBUNGSSCHWERPUNKT: *Generalisierung.*

Blinde Hunde: Trainieren Sie mit steigender Ablenkung. Nach dieser vierten Woche sollte Ihr blinder Vierbeiner zuverlässig auf das Vibrationshalsband oder **sein** Geräusch zurückkommen. Inzwischen muss er verlässlich die Hand touchen, bevor er belohnt wird.

Taube Hunde: Die Außenreize werden immer größer. Die Reaktion auf das Vibrationshalsband folgt prompt und der Handtouch sollte in die Generalisierungsphase gehen.

Blind und taub: Die Teambildung sollte nach dieser Woche abgeschlossen sein. Halter von Handicap-Hunden haben einen kleinen Vorteil: In der Regel orientieren sich diese von alleine stärker an ihrem Menschen. Nutzen Sie dieses Verhalten für das Training aus.

Seitliches Dehnen: Mechtley wird ein Leckerchen so angeboten, dass er sich seitlich einbiegen muss, um es zu erreichen.

Der Hunde-Senior

Neben den Handicap-Hunden liegen mir auch unsere vierbeinigen Senioren sehr am Herzen. Diese sollen und müssen ebenfalls weiter gefordert und gefördert werden.

Kein altes Eisen

Es macht mich sehr glücklich, dass ich in meinen Kursen in Oberammergau überdurchschnittlich viele alte Hunde begrüßen darf. Am meisten freute ich mich Jahr für Jahr auf „Woody", Kurzhaar-Dackel-Rüde, im Jahr 2019 stolze 17 Jahre alt. Klar, er hörte schlecht, die Augen machten auch nicht mehr so ganz mit und die Bewegungen wurden langsamer.

Trotz allem tanzt Woody seine Dog-Dance-Sequenzen mit viel Freude und sogar einem gewissen Ehrgeiz. In Schnüffelspielen war er ganz groß, die Nase funktionierte noch perfekt. Es wäre nicht okay gewesen, Woody zum alten Eisen zu schieben, nur weil er alt war.

Der Sporthund in Rente

Bis ins hohe Alter hat meine Collie-Hündin Queen Agility geliebt. Rund zehn Jahre waren wir auf Turnieren unterwegs. Ab ihrem 10. Lebensjahr haben wir Agility nur noch „just for fun" betrieben, sie war mit Leidenschaft dabei. Es wäre unfair gewesen, ihr diesen Sport nicht mehr zu bieten.

Das Training anpassen

Passen Sie das Training an die körperlichen Befindlichkeiten des Hundes an. Täglich ein paar Minuten Gymnastik mobilisieren die Beweglichkeit der alten Gelenke. Kleine Sporteinheiten mit niedrigen Bodenhindernissen bringen Bewegung in die Hundesenioren. Kurze Tricksequenzen und Dog Dance fordern und fördern Körperbewusstsein, Intelligenzspiele halten den Kopf fit.

Ihr Hundesenior wird es Ihnen danken. Allem voran bleibt für unsere alten Schätzchen die Lebensqualität erhalten.

Der Trainingsplan

Das Training von vierbeinigen Senioren muss individuell auf den Hund abgestimmt werden. Es macht deshalb keinen Sinn, bestimmte Lernzielkontrollen festzulegen, da diese speziell und so bei jedem Hund anders sind.

Es handelt sich bei allen Übungen nur um Vorschläge. Es bleibt selbstverständlich Ihnen überlassen, welche Sie mit Ihrem Senior machen möchten.

1. Woche

ÜBUNGSSCHWERPUNKT: *Gymnastik hält in Form.*

Hier gebe ich Ihnen ein paar ganz einfache Übungen an die Hand, die Sie jederzeit, überall, auch während der Gassi-Runden, und ohne großen Aufwand umsetzen können. Ich absolviere mit meinen Rentnern alle Übungen im Stehen.

Übung 1 – Seitliches Dehnen: Ihr Hund steht mit dem „Po“ zu Ihnen. Sie haben ein Leckerchen in der Hand. Zeigen Sie dieses dem Hund und führen Sie es seitlich zu den mittleren Rippenbögen. Ungeübte Hunde bitte nicht zu weit seitlich einbiegen. Diese Übung ist gut für die Rückenmuskulatur und die seitlichen Bauchmuskeln.

Übung 2 – Strecken: Der Hundesenior steht vor Ihnen. Ziehen Sie nun ein Leckerchen über seiner Nase nach oben, sodass er seinen Kopf nach oben strecken muss. Die gleiche Bewegung wiederholen Sie nach unten. Danach führen Sie ein Leckerchen von hinten zwischen den Vorderbeinen Ihres Hundes durch, sodass er den Kopf nach unten strecken muss. Gut für die Nacken- und Halsmuskulatur.

Übung 3 – Gewichtsverlagerung: Sie und Ihr Vierbeiner stehen sich gegenüber. Ermutigen Sie ihn dazu, Ihnen die rechte Vorderpfote zu geben. Achten Sie darauf, wie er sein Körpergewicht nach links hinten verlagern muss. Das gleiche wiederholen Sie nun mit der linken Vorderpfote.

Auch die Vorderhand muss trainieren werden. Hierbei steht der Hund wieder mit dem „Po“ zu Ihnen. Animieren Sie den Hundesenior nun dazu, das rechte Hinterbein zu heben und achten Sie darauf, dass er sein Körpergewicht nach vorne links verlagert. Das gleiche üben Sie mit der linken Hinterpfote.

Um die Hinterpfoten zu heben, können Sie mit „Meideverhalten“ arbeiten. Tippen Sie dem Hund sanft und vorsichtig an die Krallen. In der Regel weicht er dem Antippen aus und hebt die Pfote.
Diese Gewichtsverlagerungsübungen sind gut für den allgemeinen Muskelaufbau.

2. Woche

ÜBUNGSSCHWERPUNKT: *Sportlich in Bewegung bleiben.*

Übung 1 – Gemeinsam jagen: Werfen Sie ein etwas größeres Leckerchen nicht zu weit nach vorne weg. Ihr Hund soll dem Leckerchen so zügig wie möglich hinterherlaufen. Hat er es gefunden und verspeist, soll er zu Ihnen zurückkommen (ggf. die Hand touchen), dann fliegt ein Leckerchen in die andere Richtung.

Bei dieser Übung kann der Hund die Geschwindigkeit, in der er dem Leckerchen hinterherläuft, selbst bestimmen und wird nicht überlastet.

Übung 2 – Bodenarbeit: Bauen Sie Ihrem Vierbeiner zu Hause kleine Hindernisse, über die er steigen (nicht hüpfen) muss. Hierfür können Sie Besen verwenden, indem Sie den Stiel in eine Toilettenpapierrolle stecken, den vorderen Teil mit den Borsten auf den Boden legen. Diese Höhe reicht völlig aus, um mit dem Hundesenior die sogenannte Cavaletti-Bodenarbeit zu machen.

Draußen auf dem Spaziergang verwenden Sie einfach ein paar Stöcke. Hintereinandergelegt ergeben diese einen Parcours.

Übung 3 – Longieren: Eine Hundesportart, bei der der Kreis eigentlich einen Durchmesser von 8 m aufweist. Für den Hausgebraucht reicht ein kleiner von 1,5–2 m völlig

Sogenannte Cavaletti kann man sehr schnell und einfach aufbauen. Metchley soll über die „Hindernisse“ laufen und dabei ordentlich die Beine heben.

aus. Beim Longieren ist es nicht Sinn der Sache, dass der Hund nur im Kreis rennt. Vielmehr sollen die Kommunikation und Zusammenarbeit des Hundes mit dem Halter gefördert werden.

Auch ist das Hunde-Longieren nicht mit dem Logieren eines Pferdes zu verwechseln; der Vierbeiner „hängt" in der Regel nicht an einer Longe, sondern läuft frei außerhalb des Kreises frei. So sollten Sie im ersten Schritt Ihren Longierzirkel bauen: Klassisch werden hierfür Pylone verwendet. Sie können einen Kreis aber auch aus Eimern, Blumentöpfen, Gießkannen, aufgespannten Regenschirmen und vielem mehr bauen. Longieren Sie bitte ohne Band, so können Sie im und am Kreis kreativer arbeiten. Bauen Sie Dog-Dance-Übungen ein, Drehungen oder lassen Ihren Senior über Besen-Cavalettis laufen.

3. Woche

ÜBUNGSSCHWERPUNKT: *Die getanzte Physiotherapie.*

Mein Collie-Rüde beherrscht etwa 60 Tricks. Im Alter hat er begonnen, manche zu verweigern. Mag ein älterer Hund einen Trick einfach nicht mehr ausführen, den er bis dato immer gut konnte, hat er einen guten Grund dafür. Deshalb machen mein Collie und ich nur noch seniorengerechte Trickarbeit. Dog Dance z. B. eignet sich wunderbar als getanzte Physiotherapie: Sie setzen die leere Hand als Führungshilfe ein.

Übung 1 – Slalom durch die Beine: Der Slalom ist eine fabelhafte Übung für die Wirbelsäule. Diese wird beweglich gehalten und gleichzeitig das Körperbewusstsein geschult. Nehmen Sie den Hund in die Fußposition. Machen Sie mit dem rechten Bein

Für spontane Logierrunden braucht man kein extra Equipment. Ein Kreis aus alltäglichen Gegenständen reicht aus. Der Hund wird mittels Hörzeichen und Körpersprache außerhalb des Kreises geführt.

Einfache Dog-Dance-Übungen wie der Slalom oder der Achter um die Beine sind schnell erlernt, machen Spaß und fördern auch noch die Bindung zum Halter.

einen Schritt nach vorne, Ihr Senior soll durch die entstandene Lücke laufen. Dann ein Schritt mit dem linken Bein nach vorne, er geht wieder durch die Lücke.

Übung 2 – Achter um die Beine: Der Hund soll einen Achter um die Beine laufen. Stellen Sie sich mit gespreizten Beinen vor den Hund. Nun kommt Ihr Vierbeiner von vorne und läuft, einen Achter bildend, einmal um das rechte Bein und einmal um das linke Bein. Wieder eine gute Übung für die Wirbelsäule und die seitlichen Bauchmuskeln.

Übung 3 – Der sogenannte „Spanier“: Vorwärtsgehen mit einem deutlichen Schwung der Pfoten nach oben trainiert die hinteren Beinmuskeln. Das können Sie ganz leicht auch dem Tip-Tap (siehe Seite 36) herausarbeiten. Sie stehen vor dem Hund und motivieren ihn, die Pfote wie beim Tip-Tap zu heben. Bevor der Hund Ihre Fußspitze berührt, machen Sie einen Schritt rückwärts. Seine Pfote berührt Ihren Fuß nicht. Er folgt Ihnen nur so weit nach vorne, wie die eine Pfote aufgesetzt wird. Nun ist die andere Pfote dran – und schon sieht es fast wie der Spanische Schritt aus.
Es muss alles nicht perfekt sein. An erster Stelle steht der Spaß für den Hundesenior.

4. Woche

ÜBUNGSSCHWERPUNKT: *Einstein-Spiele sind nie langweilig.*

Vor einigen Jahren habe ich sogenannte „Einstein-Spiele“ (siehe Service, „Mein Einstein auf vier Pfoten“, Seite 127) entwickelt, bei denen Teamarbeit im Vordergrund steht und die Denkleistung der Hunde fördert. Sie können individuell und perfekt an alle und jeden Hund angepasst werden. Meine und viele Kundenhunde lieben diese Spiele bis ins hohe Alter.

Bilder-Spiel: Ihr Hundesenior soll lernen, Bilder zu unterscheiden. Sie können Glasuntersetzer mit unterschiedlichen Mustern verwenden, alte Postkarten eignen sich ebenfalls gut. Sie legen fest, welches Bild positiv, also mit einem Leckerchen belohnt wird. Nun soll Ihr Vierbeiner das als „richtig“ festgelegte Bild mit der Nase anstupsen. Dafür wird er belohnt. Stupst er das falsche Bild an, drehen Sie die Bilder weg und zeigen sie dem Hund nochmals. Belohnt wird immer nur das Bild, welches Sie als „gut“ festgelegt haben. Selbstverständlich bleibt das positive Bild auch zukünftig immer positiv. Damit keine Verwechslungen passieren, beschriften Sie am besten die Bilder entsprechend.

Tee-erkennen-Spiel: Sieht Ihr Hundesenior nicht mehr so gut, ändern Sie das Bilder-Spiel zu einem Schnüffelspiel ab. Verwenden Sie dafür einfach unterschiedliche Teebeutel, z. B. Minze und Früchtetee. Ihr Vierbeiner soll nun erschnüffeln, welcher denn Ihr Lieblingstee ist. Auch hierbei bleibt der einmal für „gut“ befundene Tee selbstverständlich immer der, der belohnt wird. Dieses Spiel ist für blinde oder blind-taube Hunde ebenfalls gut geeignet.

Die Korkenkiste: Ein Suchspiel, das jeder Hund spielen kann, unabhängig von seinem Alter und welches Handicap er hat. Sie haben eine große, flache Kiste mit Korken gefüllt. In die Kiste streuen Sie nun kleine Leckerchen. Gut eignet sich dafür z. B. Trockenfutter für kleine Hunde. Nun darf der Hund die Leckerlis aus der Kiste suchen.
Bis ins hohe Alter war das eines der Lieblingsspiele meiner Hunde.

Einstein-Spiele machen auch der Schäferhund-Omi Corona noch Spaß. Bei diesen Spielen kann sich der Hundesenior eine für ihn angenehme Position aussuchen.

Service

Über die Autorin

Die Hundeschule Naseweis habe ich im Jahr 2003 mit dem Ziel eröffnet, neue Wege in der Erziehung und Beschäftigung unserer Hunde zu gehen. Bindungs-, Beziehungs- und Vertrauenstraining stehen bei mir an erster Stelle. Ein harmonisches MITeinander war und ist oberstes Ziel meiner Philosophie. Seit 2006 gebe ich Kurse im Hundesport-Hotel Wolf in Oberammergau. Unter anderem zu den Themen Beziehung und Erziehung, Dog Dance, Longieren, Trick-Dogging und den etwas anderen Intelligenzspielen „Einstein auf vier Pfoten". Als Fachautorin habe ich Artikel zu verschiedenen Themen in Magazinen veröffentlicht.

Ich bin Mitglied im VDH (Verband für das Deutsche Hundewesen), im Interessenverband deutscher Hundepsychologen nach Thomas Riepe und im Deutschen Collie-Club.

Dank der Autorin

Allen voran danke ich dem Verlag Eugen Ulmer für das Vertrauen in mich. Bereits zum vierten Mal unterstützt mich der Verlag bei einem Buchprojekt. Ein besonders herzliches Dankeschön möchte ich diesmal unserer Lektorin Gabi Franz aussprechen. Sie hat in der schwierigen Corona-Zeit wirklich viel Geduld mit mir bewiesen und einfach tolle Arbeit geleistet. Danke auch an unsere Fotografin Maren Leuker. Die Shooting-Tage waren nicht so heiß wie bei den letzten Buchprojekten, jedoch wollten einige Hunde nicht so ganz, wie wir es geplant hatten – herzlichen Dank für die kreative Flexibilität. Nicht zuletzt natürlich auch ein riesiges Dankeschön an meine tapferen Models, Mensch wie Hund. Ihr wart alle einfach nur toll. Ich hoffe, ihr alle „fühlt euch wohl" in diesem Praxisbuch.

Buchtipps

Rauch, Liane (2016): Mein Einstein auf vier Pfoten. Kreative Bindungs- und Intelligenzspiele für Hunde. Verlag Eugen Ulmer, Stuttgart

Rauch, Liane/Landmann, Christina (2018): Hundeprobleme lösen mit Training und Homöopathie. Verlag Eugen Ulmer, Stuttgart

Rauch, Liane (2. akt. Aufl. 2020): Hundetraining ohne Worte. Führen mit der leeren Hand. Verlag Eugen Ulmer, Stuttgart

Gröning, Pia (2. erw. Aufl. 2019): Spiele und Action für Jagdhunde. Retriever, Weimaraner, Beagle und Co. rassegerecht beschäftigen. Verlag Eugen Ulmer, Stuttgart

Leinweber, Marion (2020): So versteht dich dein Hund. Körpersprache in der Hundeerziehung richtig einsetzen. Verlag Eugen Ulmer, Stuttgart

Riepe, Thomas (2016): Einfach Hund sein dürfen. Das Hundeleben natürlich gestalten. Verlag Eugen Ulmer, Stuttgart

Riepe, Thomas (2018): Alles schon probiert. Hunde weniger trainieren und mehr akzeptieren. Verlag Eugen Ulmer, Stuttgart

Schnepper, Christiane (2017): Impulskontrolle für Treib- und Hütehunde. Für mehr Gelassenheit im Alltag. Verlag Eugen Ulmer, Stuttgart

Sondermann, Christina (2017): Denksport für Hunde. Knobelspiele schnell und einfach selbstgemacht. Verlag Eugen Ulmer, Stuttgart

Sondermann, Christina (2017): Einfach schnüffeln! Nasenspiele für den Hundealltag. Verlag Eugen Ulmer, Stuttgart

Klicks im WWW

Homepage der Autorin mit vielen interessanten Infos rund um den Hund sowie diversen Kursangeboten: **www.hsnaseweis.jimdo.com**

Auf Facebook: **Hundeschule Naseweis**

Ob „nur" als Gast im Hundehotel oder mit hinzugebuchten Kursen – hier wird man fündig: **www.hotel-wolf.de**

Internetseite des Online-Hundemagazins „Wuff": **www.wuff.de**

Bildquellen

Silke Klewitz-Seemann: Klappe vorne außen. Alle weiteren Fotos, auch das Titelbild, stammen von **Maren Leuker**.

Impressum

Die in diesem Buch enthaltenen Empfehlungen und Angaben sind von der Autorin mit größter Sorgfalt zusammengestellt und geprüft worden. Eine Garantie für die Richtigkeit der Angaben kann aber nicht gegeben werden. Autorin und Verlag übernehmen keine Haftung für Schäden und Unfälle. Bitte setzen Sie bei der Anwendung der in diesem Buch enthaltenen Empfehlungen Ihr persönliches Urteilsvermögen ein.

Der Verlag Eugen Ulmer ist nicht verantwortlich für die Inhalte der im Buch genannten Websites.

Anmerkung zur Schreibweise (Gendering) der weiblichen, männlichen und unbestimmten Form: Ausschließlich aufgrund der deutlich besseren Lesbarkeit wird in diesem Werk auf die jeweilige Mehrfachnennung oder Anpassung der Schreibweise bestimmter Bezeichnungen verzichtet. So stehen die Namen der Vertreter verschiedener Fachbereiche (wie Hundetrainer etc.) selbstverständlich für alle, die diese Berufe ausüben oder vertreten.

Bibliografische Information der Deutschen Nationalbibliothek
Die Deutsche Nationalbibliothek verzeichnet diese Publikation in der Deutschen Nationalbibliografie; detaillierte bibliografische Daten sind im Internet über http://dnb.d-nb.de abrufbar.

Das Werk einschließlich aller seiner Teile ist urheberrechtlich geschützt. Jede Verwertung außerhalb der engen Grenzen des Urheberrechtsgesetzes ist ohne Zustimmung des Verlages unzulässig und strafbar. Das gilt insbesondere für Vervielfältigungen, Übersetzungen, Mikroverfilmungen und die Einspeicherung und Verarbeitung in elektronischen Systemen.

© 2021 Eugen Ulmer KG
Wollgrasweg 41, 70599 Stuttgart (Hohenheim)
E-Mail: info@ulmer.de
Internet: www.ulmer.de
Projektleitung: Jennifer Zajonz
Lektorat: Gabi Franz
Herstellung: Isabell Scherrieble
Umschlaggestaltung: siegel konzeption | gestaltung, Stuttgart
Umschlagklappen: Anette Vogt, red.sign, Stuttgart
Satz und Gestaltung: Susanne Junker, red.sign, Stuttgart
Reproduktion: timeRay Visualisierungen, Jettingen
Druck und Bindung: Westermann Druck, Zwickau
Printed in Germany

ISBN 978-3-8186-1272-6